beck'sche reihe

bsr

Bioethische Fragestellungen spielen in der öffentlichen Diskussion mittlerweile eine zentrale Rolle. Dazu zählen Fragen der Medizinethik – wie Geburtenkontrolle, Transplantationsmedizin oder Sterbehilfe –, der Tierethik und der Umweltethik. Der Band führt in die Denk- und Argumentationsweise der Bioethik ein und bezieht zu den bestehenden Positionen fundiert Stellung.
Für viele bioethische Probleme gibt es keine Patentlösungen – diese werden der Komplexität des Lebens nicht gerecht. Der Evolutionsbiologe und Wissenschaftstheoretiker Franz M. Wuketits argumentiert im Geist einer kritischen Aufklärung und wendet sich gegen jeden moralischen Fundamentalismus. Seine kritische Einführung in die Bioethik ist ein Plädoyer für Offenheit und Skepsis bei schwierigen ethischen Fragen.

Franz M. Wuketits, geb. 1955, ist Professor für Wissenschaftstheorie mit dem Schwerpunkt Biowissenschaften an der Universität Wien und stellvertretender Vorstandsvorsitzender des Konrad Lorenz Instituts für Evolutions- und Kognitionsforschung. Er gilt als einer der Hauptvertreter der evolutionären Ethik im deutschen Sprachraum.

Franz M. Wuketits

BIOETHIK

EINE KRITISCHE EINFÜHRUNG

Verlag C.H.Beck

Originalausgabe

Gesamtherstellung: Druckerei C. H. Beck, Nördlingen
Umschlagentwurf: +malsy, Willich
Printed in Germany
ISBN-10: 3 406 54157 7
ISBN-13: 978 3 406 54157 5

www.beck.de

INHALT

1. EINLEITUNG: NEUE MORALISCHE HERAUSFORDERUNGEN

Ungeheuer ist viel,
und nichts ungeheurer als der Mensch.
Sophokles

Der Mensch ist ein *handelndes* Lebewesen, er handelt im Gegenüber zu seinen Mitmenschen und anderen Kreaturen. Die Grundfrage der *Ethik* oder *Moralphilosophie* lautet in Anlehnung an Immanuel Kant (1724–1804): «Was soll ich tun?», das heißt: «Was soll ich tun, um moralisch richtig zu handeln?» Für Kant selbst war oberste Norm, stets so zu handeln, dass die Maxime des eigenen Tuns zum Gesetz für alle Menschen erhoben werden könnte. Von solchen universellen moralischen Prinzipien, die absolute Gültigkeit beanspruchen, müssen wir uns verabschieden. Wie Mackie (1980, S. 11) lapidar feststellt: «Es gibt keine objektiven Werte.» Das mag auf Anhieb vielleicht etwas überraschen, erweist sich bei näherem Hinsehen aber als schlichte Tatsache. Menschen existieren in unterschiedlichen Lebenssituationen und haben verschiedene Lebensansprüche, die wiederum, nach Maßgabe der jeweiligen Möglichkeiten (oder Einschränkungen), einem steten Wandel unterliegen. Moralische Handlungsnormen bleiben davon nicht unbeeinflusst. Lebten wir in einer unveränderlichen Welt, immer auf dem gleichen gesellschaftlichen, kulturellen, technischen und wirtschaftlichen Niveau, dann könnten wir uns über «ewige Werte» verständigen. Aber eine solche Welt entspricht – zu unserem eigenen Glück oder Unglück – nicht der Wirklichkeit. Daher werden wir auch in diesem Buch fortgesetzt mit Problemen konfrontiert, die nicht für alle Zeiten und für alle Völker ein für allemal gelöst werden können.

Die neuen moralischen Herausforderungen ergeben sich aus den einst ungeahnten Möglichkeiten, die dem Menschen der Gegenwart durch seine Technologie in die Hand gegeben sind. Wie nie zuvor kann er gezielt ins Erbgut der Organismen – nicht zuletzt in sein eigenes – eingreifen; die Transplantationsmedizin erlaubt ihm den Organaustausch über Artgrenzen hinweg (!); eine komplizierte (und kostspielige) Technik ermöglicht die künstliche Verlängerung von Leben (und Leiden); eine relativ präzise vorgeburtliche Diagnostik erlaubt Prognosen über das werdende Leben (etwa darüber, ob ein Kind mit angeborenen Defekten zur Welt kommen wird); schließlich werden unter dem Einfluss des Menschen andere Lebewesen ausgebeutet und ihrer natürlichen Lebensräume beraubt, in einer Weise, die in der Evolutionsgeschichte keine Präzedenzfälle kennt. Die traditionelle Ethik war auf all das nicht vorbereitet. Eine «veränderte Natur menschlichen Handelns» macht, wie Jonas (1984, S. 15) betont, «auch eine Änderung in der Ethik erforderlich.»

Zentrales Anliegen dieses Buches ist daher zu zeigen, dass für viele moralische Entscheidungen auch neue (moralische) Kriterien gefunden werden müssen. Konkret bleibt darzulegen, dass der moralische Imperativ «Schutz des Lebens» als solcher nicht mehr ausreicht, sondern mit neuen, der Situation angepassten «Inhalten» zu füllen ist. «Was sollen wir tun?» Diese Grundfrage der Ethik gewinnt heute aufgrund unserer neuen Möglichkeiten auch eine andere Bedeutung:

Sie ist nicht mehr mit einem lapidaren Imperativ zu beantworten, sondern erfordert der jeweiligen Situation entsprechende kritische Überlegungen. Die Ethik bietet keine «Kochrezepte», sondern muss sich, besonders gegenwärtig, mit schnellen gesellschaftlichen Wandlungsprozessen auseinandersetzen. Oft wird heute der Verlust von «verbindlichen Werten» und ein «allgemeiner Sittenverfall» beklagt. Das ist nichts Neues, solche Klagen gab es in verschiedenen Epochen unserer Kultur- und Sozialgeschichte. Wie er handeln *soll*, musste der Mensch immer wieder neu bestimmen. Die Behauptung, es gäbe das sittlich Gute ein für allemal, und die Forderung, jede(r) habe sich daran zu halten, sind gefährlicher als moralische Unsicherheit – die ja nicht bedeutet, dass *alles* erlaubt sei, sondern uns gerade zu kritischer (moralphilosophischer) Reflexion zwingt und veranlasst, tragbare, den jeweiligen Umständen angemessene Lösungen zu finden.

Das vorliegende Buch beschäftigt sich mit *Bioethik*. Das ist ein etwas merkwürdiger Ausdruck, weil sich ja die Ethik grundsätzlich ohnehin auf *bios* (= Leben) bezieht. Traditionellerweise befasste sie sich aber die längste Zeit hauptsächlich mit Beziehungen zwischen *Menschen*, während die Bioethik die menschlichen *Naturbeziehungen* reflektiert (Höffe 1997), «angemessene Verhaltensweisen im Umgang mit Lebewesen und mit der Natur» (Mohr 1999 b, S. 404) zu bestimmen sucht und somit den moralphilosophischen Diskurs auf *alle* Organismen ausweitet. Sie entstand Anfang der 1970er Jahre aus dem Vorschlag, eine neue Disziplin als Synthese von Naturwissenschaft und Moralphilosophie zu begründen (vgl. Irrgang 2005). Ihr Gegenstand ist bis heute nicht klar abgegrenzt. Allerdings haben sich drei große Teilbereiche der Bioethik herauskristallisiert, die auch den Inhalt des vorliegenden Buches bestimmen:

Def. Bioethik

1. *Medizinische Ethik* (Kapitel 4).
2. *Ethik nichtmenschlicher Lebewesen (Tierethik)* (Kapitel 5).
3. *Ökologische Ethik* (Kapitel 6).

In diesem Buch versuche ich darzulegen, was Bioethik sein kann und welche Leistungen von ihr zu erwarten sind. Dabei bin ich mir bewusst, dass viele bioethische Probleme eine sachliche Diskussion erschweren, weil sie «betroffen» machen, Emotionen wecken, historisch belastet sind und die Angst vor gefährlichen Ideologien schüren. 1991 wurde das (schon damals) traditionsreiche *Internationale Wittgenstein Symposium* in Kirchberg am Wechsel (Niederösterreich) abgesagt, weil die Veranstalter massiven Angriffen (bis zur physischen Bedrohung) ausgesetzt waren.[1] Sie hatten unter anderem den australischen Ethiker Peter Singer (jetzt in Princeton) eingeladen. Ein Aufschrei in den Zeitungen und im Rundfunk war die Folge. Es wurde damit gedroht, das Symposium durch Demonstrationen zu stören. Singers umstrittene Thesen über Abtreibung und Euthanasie (vgl. Singer 1984; im vorliegenden Buch S. 86 ff.) wurden mit dem Nationalsozialismus in Verbindung gebracht und riefen nicht zuletzt Behindertenverbände auf den Plan. Das war die Lage in Österreich zu Beginn der 1990er Jahre (und auch noch später). In Deutschland war es nicht anders. Inzwischen mag sich die Situation etwas entspannt haben, aber noch haben bioethische Diskussionen bei weitem nicht jenen Grad an Sachlichkeit erreicht, der ihnen dringend zu wünschen wäre. Ich hoffe, mit diesem Buch einen Beitrag zur «Versachlichung» der Debatten leisten zu können, wenngleich es in dem einen oder anderen Problembereich sicher auch nicht frei ist von subjektiven Wertungen. Aber da wir mit der Existenz von objektiven Werten und Normen nicht rechnen können, darf das niemanden überraschen. Ich will eine *kritische* Einführung geben, nicht nur die bestehenden Positionen referieren, sondern auch meine eigene Haltung zu den in Rede stehenden Problemen darlegen. Es ist mir klar, dass ich nicht immer auf Zustimmung stoßen werde. Andererseits hoffe ich, damit Impulse für weitere notwendige Diskussionen liefern zu können.

Seinen Charakter als *Einführung* soll dieses Buch stets bewahren, so dass ich es nicht mit zu vielen Einzelheiten überladen wollte. Die kundigen Leserinnen und Leser werden daher wahrscheinlich den einen oder anderen Aspekt des Gegenstandes vermissen. Manche bioethisch relevanten Probleme werden nur kurz gestreift. Andererseits hatte ich immer auch – und vor allem – jenes Lesepublikum im Sinn, das in relativ unkomplizierter Form in eine komplexe Materie erst einmal eingeführt werden will, um danach sozusagen weiter in die Tiefe zu steigen. Hier verweise ich auf das Literaturverzeichnis, in dem sowohl spezielle als auch allgemeine und umfangreiche Arbeiten aufgelistet sind, die der weiterführenden Lektüre und Vertiefung eines bioethischen Problembewusstseins dienlich sein mögen. Die Literatur zur Bioethik ist inzwischen allerdings so mächtig angewachsen – praktisch erscheinen täglich Beiträge dazu –, dass sie kaum noch bewältigt werden kann. (Bioethische Probleme sorgen, wenngleich sie nicht immer ausdrücklich als solche charakterisiert werden, längst auch in der Tagespresse, in Rundfunk und Fernsehen regelmäßig für Schlagzeilen.) Neben Spezialabhandlungen habe ich daher vor allem relativ leicht zugängliche Arbeiten insbesondere für deutschsprachige Leserinnen und Leser angeführt. Man wird verstehen, dass ich dabei eine Auswahl treffen musste und bei weitem nicht alle Autorinnen und Autoren zitieren konnte, die irgendetwas Relevantes über bioethische Fragen zu Papier gebracht haben.

Die verbrecherischen Praktiken während des Nationalsozialismus (Ausmerzung «unwerten Lebens») sind, zumal im deutschen Sprachraum, entscheidend verantwortlich dafür, dass manche bioethischen Fragen (Geburtenregelung, Sterbehilfe und so weiter) nach wie vor tabuisiert werden. Aber Frage- und Denkverbote sind sicher keine Lösung – sie bringen uns nicht weiter, stellen eine gefährliche intellektuelle Behinderung dar und sind einer demokratischen, aufgeklärten Gesellschaft nicht würdig. Wir müssen lernen, auch über heikle Probleme zu reden; die Geschichte darf sich dabei nicht als Hemmnis erweisen (obwohl wir sie stets im Auge behalten müssen!).

Es erscheint sinnvoll, im Vorfeld der eigentlichen Beschäftigung mit bioethischen Problemen zwei Grundfragen zu klären:

1. Was kann *Ethik* überhaupt leisten, und was darf sie beanspruchen? (Dabei sollen auch Position und Rolle der Bioethik näher bestimmt werden.)
2. Wo liegen die Wurzeln unserer Moral (und Unmoral) – warum können sich Menschen moralisch (und unmoralisch) verhalten? Müssen wir mit prinzipiellen Grenzen unserer *Moralfähigkeit* rechnen?

Eine zumindest knappe Auseinandersetzung mit diesen Fragen ist nicht unwesentlich. Ethik und Moral sind keine allmächtigen Instanzen, sie sind unsere eigenen Erzeugnisse und damit natürlich fehlbar. Wir müssen den Mut und die Fähigkeit aufbringen, aus Fehlern zu lernen, um sie in Zukunft nach Möglichkeit zu vermeiden. Das gilt für moralische Probleme genauso wie für Probleme in anderen Lebensbereichen – die freilich oft genug moralische Überlegungen einmahnen.

Bertrand Russell (1872–1970) meinte, dass es für Menschen zwei Klassen von Unglücksfällen gibt: die Naturkatastrophen und das Leid, das Menschen selbst anderen antun (vgl. Russell

1976). Gegen die Naturgewalten können wir – wie gerade die letzten Jahre wieder gezeigt haben – nach wie vor so gut wie nichts ausrichten. Die Plagen, welche Menschen von ihren eigenen Artgenossen zugefügt werden, müssen wir jedoch zu verhindern suchen. Das ist eine vordringliche moralische Aufgabe. Sie wurde in den über zweitausend Jahren ethischer Reflexion nicht bewältigt, was aber nicht heißen darf, dass sie obsolet geworden sei. Auch die Eingriffe des Menschen in die ihn umgebende Natur – die verheerende Katastrophen auslösen und somit auf ihn selbst gleichsam zurückfallen – müssen verstärkt Gegenstand unserer Moral werden. Damit erweist sich die Ethik als eine überaus umfangreiche (philosophische) Disziplin, deren Bedeutung jedoch nicht allein mit ihrem Umfang wächst, sondern auch – und vor allem – mit dem Beitrag, den sie zu einer lebensfreundlichen Welt zu leisten vermag.

2.
LEBEN UND ETHIK

Es geht ja nicht um Belangloses,
sondern darum,
wie man leben soll.
Sokrates

2.1
ETHIK: EIN SPEKTRUM VON FRAGEN UND ANTWORTEN

Ein Mann bringt mit seinem Auto im Stadtverkehr einen Schwerverletzten ins Krankenhaus, der – davon wollen wir ausgehen – zum Tod geweiht ist, wenn ihm nicht schnellstens ärztliche Hilfe zuteil wird. Der Autofahrer begeht dabei eine gravierende Geschwindigkeitsübertretung. Handelt er richtig? Er will ein Menschenleben retten, gefährdet aber durch seine Fahrweise vielleicht den Verletzten genauso – und obendrein sich selbst und andere Verkehrsteilnehmer. Wie also soll er handeln? (Der Hinweis, er hätte den Transport dem dafür zuständigen Rettungsdienst überlassen sollen, wäre zu billig und löst das Problem nicht, sondern verlagert es nur auf eine andere Ebene.)

Ein Triebtäter vergewaltigt und tötet ein junges Mädchen, dessen Mutter bei der nächsten sich bietenden Gelegenheit den Mörder ihrer Tochter tötet. Handelt sie richtig? Darf sie, wie groß ihr Schmerz und ihre Wut über den Verlust ihres Kindes auch sind, einen anderen Menschen seines Lebens berauben? (Mag diese Frage auch rechtlich zumindest im Prinzip entschieden sein, moralisch ist sie nach wie vor relevant.)

Ein Arzt stellt bei einem Patienten eine unheilbare Krankheit fest und muss – nach medizinischem Ermessen – annehmen, dass der Betreffende nur noch wenige Monate zu leben habe. Soll er dem Patienten die Wahrheit sagen oder ihm die Hoffnung lassen, dass er nicht ernsthaft krank sei? Nach welchen Kriterien soll er sich zwischen Lüge und Wahrheit entscheiden?

Die Liste solcher und ähnlicher Fragen ließe sich fast beliebig fortsetzen, und mancher von uns fand sich schon in einer vergleichbaren Situation. Das menschliche Leben ist sehr komplex, *jeder* Mensch kann (unbeabsichtigt und ohne eigenes Verschulden) in eine Lage geraten, die ihn sozusagen in ein *moralisches Dilemma* stürzt, ihn zu handeln zwingt, ohne dass er darauf vorbereitet gewesen wäre oder auf mehr oder weniger klare «Handlungsanweisungen» zurückgreifen könnte. Die Frage «Was soll ich tun?» gewinnt dann – für den Betroffenen – eine mitunter geradezu erschreckende Bedeutung. Aber auch abgesehen von solchen Grenzsituationen sind wir fortgesetzt mit moralischen Problemen konfrontiert. Der familiäre und berufliche Alltag stellt uns häufig vor moralische Entscheidungen, und niemand ist vor einer «moralischen Entgleisung» gefeit.

Ethik oder Moralphilosophie ist eine Disziplin der *praktischen Philosophie* und beschäftigt sich, anders als Disziplinen wie beispielsweise Natur- oder Sprachphilosophie, mit dem konkreten, «praktischen» (menschlichen) Handeln. Sie ist die Suche nach dem Richtigen und Falschen in unserem Tun (Mackie 1981), beurteilt unser Handeln und dessen Konsequenzen (Nuttall 1993), hat aber auch die Aufgabe, die jeweils herrschenden Moralvorstellungen kritisch zu prüfen

(Höffe 1997) und zu fragen, warum sich Menschen in dieser oder jener Situation so oder so verhalten. Sie ist daher (nach Pieper und Thurnherr 1998)

- keine Weltanschauung oder Ideologie,
- kein Religionsersatz,
- keine oberste Entscheidungsinstanz für individuelles Handeln,
- kein Versuch, den Menschen zu verbessern,
- kein Versuch, Menschen bestimmte Moralvorstellungen aufzuzwingen,
- keine Instanz, die mittels Argumentation guten Willen erzeugt.

Allerdings gehört es zu ihren Aufgaben, moralische Kompetenz einzumahnen, den einzelnen zur Einübung in praktische Urteilskraft aufzufordern und ihn über das moralische Bewusstsein über sich selbst aufzuklären. Auf keinen Fall darf Ethik mit *Moralismus* verwechselt werden, jener Haltung, die dem Sittlichen gegenüber anderen Bereichen unserer Kultur absolute Priorität beimisst und deren Vertreter zu wissen vorgeben, was das sittlich Gute sei (moralischer Absolutismus, siehe unten).

Gegenstand der Ethik ist Moral in ihren unterschiedlichen Erscheinungsformen. Dabei geht es auch um die Frage, warum Menschen – der eine selten, der andere häufig – *unmoralisch* handeln. Das eigene unmoralische Handeln zu ignorieren wäre sträflich. Niemand von uns darf behaupten, Moral gepachtet zu haben. Wer ein bestimmtes Alter erreicht, viele Lebenssituationen bewältigt hat und sich damit brüstet, *ausnahmslos* moralisch richtig gehandelt zu haben, ist ein Lügner (und hat wahrscheinlich die sprichwörtliche Leiche im Keller). Auf die Grenzen der Moral wird in Abschnitt 3.4 noch zurückzukommen sein.

Befasst Ethik sich einerseits mit theoretischen Fragen, als *Metaethik* vor allem mit der sprachlichen Bedeutung moralischer Begriffe wie «gut», «Sittlichkeit», «Pflicht» und so weiter (vgl. Höffe 1997), so ist sie andererseits als *angewandte Ethik* mit konkreten Lebensproblemen und ihrer moralischen Lösung beschäftigt. Mit der wachsenden Komplexität menschlicher Gesellschaften, ihrer «Technisierung» und «Ökonomisierung», mit der zunehmenden Differenzierung verschiedener Lebensbereiche sowie der Entwicklung neuer Kommunikationsformen und nicht zuletzt den Anwendungsmöglichkeiten (natur-)wissenschaftlicher Erkenntnisse haben sich in diesem Bereich der Moralphilosophie in neuerer Zeit eine Reihe von «Spezialethiken» herausgebildet (vgl. Pieper und Thurnherr 1998). Die Bioethik ist eine von ihnen. Andere sind beispielsweise Wirtschaftsethik, Medienethik, Wissenschaftsethik und Ethik der Technik.

Wie Probleme der Bioethik gelöst werden, hängt allerdings nicht zuletzt von der jeweiligen moralischen Grundhaltung ab. Gegenwärtig lassen sich in der Hauptsache – und in vereinfachter Form – folgende «Moraltypen» unterscheiden (Reutterer 2000), die auf teils alte Traditionen zurückzuführen sind und verdeutlichen, dass man sich moralisch relevanten Fragen auf höchst unterschiedliche Weise nähern kann.

Utilitarismus: Größtmöglicher Nutzen (größtmögliches Glück) für alle – eine Handlung ist nach dem Prinzip der Nützlichkeit sittlich geboten.

Individualistischer Utilitarismus: «Hauptsache ich» – man soll nur das tun, was den eigenen Interessen dient (auch wenn dabei die Moral anderer verletzt wird).

Gruppenutilitarismus: Man soll nur das tun, was der jeweiligen Autorität, zum Beispiel dem Arbeitgeber oder einem politischen Führer, nützt (auch auf die Gefahr hin, anderen dabei Schaden zuzufügen).

Gefühlsmoralismus: Spontane Emotionen sind die «Handlungsanweisungen»; dem eigenen Handeln gehen keine kritischen (moralphilosophischen) Reflexionen voraus.

Altruismus: «Ich will helfen» – andere Menschen sind, unabhängig von den sonst geltenden Wertvorstellungen und Normen, zu unterstützen.

Moralischer Absolutismus: Es gibt das absolut Gute und absolut Böse, moralische Relativierungen sind nicht zulässig.

Religiöser Moralismus: Zu tun ist, was Religionsstifter (zum Beispiel Jesus Christus) vorschreiben beziehungsweise ihrer Überzeugung nach selbst tun würden.

Es ist somit zu erwarten, dass auf ein und dieselbe moralische Frage ganz unterschiedliche – und einander widersprechende – Antworten gegeben werden. Damit sind moralische Konflikte programmiert. Um diesem Problem zu entgehen, kann man versuchen, Werte und Normen *empirisch* zu fundieren und die Ethik als *angewandte Wissenschaft* zu betreiben. Einen Ansatz dazu lieferte der Philosoph Moritz Schlick (1882–1936). Seine Ethik war auf die (empirisch überprüfbare) Annahme gegründet, dass Moral tief in unseren Gefühlen der Lust und Unlust verankert sei und moralische Entscheidungen und Handlungen von diesen motiviert und gesteuert werden (vgl. Leinfellner 1985 a, b). Ich halte einen solchen Ansatz für sehr wichtig, und es scheint mir wesentlich, der Frage «Was soll ich tun?» die Frage «Was *kann* ich tun?» voranzustellen (vgl. Wuketits 1993 a). Wir sind auch in moralischer Hinsicht nicht allmächtig, sondern müssen damit rechnen, dass unsere *Moralfähigkeit* begrenzt ist und manche moralische Forderung unsere Handlungskapazität übersteigt. Im nächsten Kapitel wird darauf näher einzugehen sein.

Hier noch eine kleine begriffliche Zwischenbemerkung. Die Ausdrücke «moralisch» und «ethisch» werden in öffentlichen Diskussionen meistens durcheinander gebracht. Selbst in «gelehrten Kreisen» ist häufig die Rede von «ethischem» oder «unethischem» Handeln. Das ist nicht korrekt. Eine Handlung kann *moralisch* oder *unmoralisch* sein, *ethisch* bezieht sich stets nur auf die Disziplin, die sich damit beschäftigt. Ich möchte diese Unterscheidung im vorliegenden Buch möglichst strikt einhalten.

2.2
WERTE DES MENSCHEN, WERTE DES LEBENS

Albert Schweitzer (1875–1965), der protestantische Arzt, Theologe, Musiker und Kulturphilosoph, wurde durch seine Ethik der *Ehrfurcht vor dem Leben* bekannt. Er meinte, dass der Mensch nicht durch sein Erkennen, sondern sein Erleben der Welt nahe komme: Der Mensch ist Leben, das leben will, inmitten von Leben, das leben will. Für Schweitzer war daher die Ehrfurcht vor dem Leben, vor allen Lebewesen, die Basis für jede Moral. Er forderte eine radikale Nächstenliebe und war mithin ein Vertreter des moralischen Altruismus. So sympathisch seine Ethik auf den ersten Blick auch sein mag und so bedeutend seine Leistungen im Dienste der Menschlichkeit auch waren[2] – Ehrfurcht vor dem Leben ist kein brauchbares Moralprinzip (Wolf 1993).

Würde sich die Bioethik auf dieses Prinzip gründen, dann wären ihre moralischen Dilemmata noch zahlreicher als sie ohnehin schon sind. Man kann sich zwar im Allgemeinen leicht darauf einigen, dass das Leben jedes Menschen einen unantastbaren Wert darstellt, doch werden in bestimmten Grenzfällen die Meinungen darüber schnell auseinander gehen. Was tun mit Massenmördern wie Hitler oder Stalin? Welchen Wert wollen wir dem Leben eines Menschen beimessen, der Millionen anderer Menschen auf dem Gewissen hat? Hier sind, wie man einsehen wird, Grenzziehungen vonnöten, die aber nicht einfach sind. Hitler und Stalin sind gewiss – und glücklicherweise – nicht repräsentativ für das Verhalten von Menschen. Aber es gibt viele andere, weniger «prominente» Angehörige unserer Spezies, die es uns entsetzlich schwer machen, ihnen mit Ehrfurcht zu begegnen; beispielsweise Vergewaltiger oder Kinderschänder.

Wenn Ehrfurcht vor dem Leben im weiteren bedeuten soll, *allen* Lebewesen gleichsam die helfende, hütende Hand zu reichen, dann erweist sie sich schließlich als hoffnungslos verlorenes Moralprinzip. Wilson (1984) meint, dass dem Menschen eine *Biophilie*, eine (unbewusste) Neigung, die Nähe anderer Lebensformen zu suchen, eigen sei, wozu auch eine Sehnsucht nach Wildnis gehöre. Auf den ersten Blick wird diese Vermutung durchaus bestätigt. Wir umgeben uns gern mit Zimmerpflanzen, legen Gärten an, halten uns Katzen, Hunde und andere Tiere und sind von unberührten Naturlandschaften fasziniert. Zweifellos aber erstreckt sich jene Neigung keineswegs auf *alle* Lebewesen. Stechmücken, Skorpione und Klapperschlangen erwecken in aller Regel weder unser Mitleid, noch ist es angezeigt, sich mit ihnen «einzulassen». Natürlich hatte Schweitzer Recht, dass der Mensch inmitten von Leben steht, das Leben *will*. Alle Organismen sind darauf programmiert, möglichst lang am Leben zu bleiben, zu überleben, das heißt, sich erfolgreich fortzupflanzen. Auch die Fiebermücke *Anopheles*, die Überträgerin der Malaria, «will» leben; da sie uns aber durch ihren Stich in eine lebensbedrohliche Situation bringen kann, wollen wir sie, mit einer gewissen Berechtigung, in ihrem Dasein nicht unterstützen.

An dieser Stelle ist auch gleich zu bemerken, dass sich der *Wert* einzelner Arten von Lebewesen nicht objektiv angeben lässt. Aber was heißt schon «objektiv» in Anbetracht der Tatsache, dass nur wir Menschen unsere eigenen Artgenossen und andere Spezies *bewerten*! Und dies nach Kriterien, die ihrerseits nicht objektiv festlegbar sind, sondern auf individuell variablen Neigungen und Präferenzen beruhen (siehe oben). Die Frage nach dem Wert des Lebens – ihres Lebens – stellt sich für die Fiebermücke genauso wenig wie für die Klapperschlange oder irgendein anderes (von uns als unangenehm empfundenes) Geschöpf. Sie existieren einfach, sind Ergebnisse der Evolution durch natürliche Auslese, die mit moralischen Prinzipien nichts zu tun hat. Die haben wir Menschen eingeführt.

Um so wichtiger erscheint daher der Rückgriff auf empirisch zugängliche Faktoren unseres *Bewertens*. Unsere jeweiligen Werte und Normen entstanden nicht im luftleeren Raum, sie spiegeln Bedürfnisse und Abneigungen wider und sind Resultate unterschiedlicher Lebensbedingungen. Die Abneigung der (meisten) Menschen gegen Klapperschlangen hat ebenso gute (biologische, psychologische) Gründe wie die moralische Verachtung von Massenmördern. In diesem Zusammenhang dürfen wir die Rolle von *Emotionen* nicht vergessen, die unser Leben begleiten und als Grundstimmungen selbst rationales Denken beeinflussen, wenn nicht gar steuern (vgl. Wimmer und Ciompi 2005). Sie finden daher auch Eingang in unsere moralischen Urteile, ja, moralisches Urteilen ist ohne ihre Beteiligung kaum denkbar (vgl. Oakley 1992). Emotionen tragen zur Stabilisierung von Gesellschaften bei, schließlich ist ein Phänomen wie *Mitleid* ohne Beteiligung emotionaler Komponenten schwer vorstellbar. Andererseits erschweren sie verbindliche moralische

Entscheidungen, weil sie uns eine Hierarchie von subjektiven Werten (und Wertungen) gleichsam aufzwingen. Wohl in keinem anderen Bereich der Bioethik wird das so deutlich wie in der Tierethik (siehe Kapitel 5). Emotionen sind aber (natur-)wissenschaftlichen (biologischen, anthropologischen, psychologischen) Untersuchungen zugänglich; solche Untersuchungen werfen dann wiederum einiges Licht auf die Triebkräfte unserer Bewertungen und unseres Bewertens, die zu kennen für die Ethik unerlässlich ist.

Hier müssen wir uns allerdings vor Missverständnissen hüten: Die Naturwissenschaften – wobei vor allem die Biowissenschaften angesprochen sind – können uns verstehen helfen, wie und warum wir überhaupt moralisch (oder unmoralisch) handeln, und in einzelnen Fällen durchaus auch eine moralische Entscheidung erleichtern, aber sie können uns moralische Entscheidungen grundsätzlich nicht abnehmen. Sie machen ebenso moralische Fehlentscheidungen und Entgleisungen verständlich, ohne sie deshalb zu entschuldigen oder zu rechtfertigen. Ein Vertreter etwa des religiösen Moralismus wird solcher Überlegungen freilich nicht bedürfen, da er sich auf den Stifter seiner Religion oder Gott selbst «verlassen» kann. Woher dieser allerdings seine Berechtigung erworben hat, in allen moralischen Angelegenheiten Entscheidungen vorzugeben, ist eine andere Frage – abgesehen davon, dass sein eigenes Handeln vielfach erst der Interpretation bedarf. Wie Hoerster (2005) richtig betont, ist die Annahme der Existenz Gottes für die Begründung einer gewünschten und allumfassenden Moral ungeeignet. Das ist verständlich, weil Gott immer nur diejenigen Eigenschaften zeigt, die *wir* ihm zuordnen. Dagegen erweisen sich die Erkenntnisse der heutigen Naturwissenschaften – bei allen Unsicherheiten, die ihnen anhaften mögen – als viel zuverlässiger.

Mit einer solchen Behauptung kann man sich indes leicht dem Vorwurf aussetzen, einen *naturalistischen Fehlschluss* zu begehen. Seit David Hume (1711–1776) ist es nicht legitim, vom Sein auf das Sollen zu schließen, also aus beschreibenden (empirischen) normative Aussagen abzuleiten. Und der Ethiker George E. Moore (1873–1958) versuchte nachzuweisen, dass die Definition von «sittlich gut» durch empirische Begriffe (zum Beispiel «lebensdienlich») nicht zulässig sei (vgl. Kerner 1966). So gesehen wären ethische Feststellungen von empirisch feststellbaren Tatsachen immer zu entkoppeln. Der naturalistische Fehlschluss kann ideologisch gravierende Folgen nach sich ziehen (siehe unten), doch erweist sich bei moralischen Urteilen der Verzicht auf empirische Befunde als ebenso sträflich. Wenn Ethik «das Gute» fördern will, dann müssen ihr Vorstellungen und Erfahrungen davon vorausgehen, was – aus der Sicht der Betroffenen – überhaupt als «gut» erwünscht ist. Deskriptive, beschreibende Aussagen in der Biologie, die sich auf das Überleben, auf den «Überlebenstrieb» von Organismen beziehen, können daher durchaus eine normative Bedeutung gewinnen (vgl. Naess 1972). Dazu ein konkretes, einfaches Beispiel aus dem Bereich der Tierethik.

Eulen galten lange Zeit als Symbole der Nacht und des Todes und wurden auch in Mitteleuropa bis in die jüngste Vergangenheit als «Totenvögel» gefürchtet und verfolgt. Zoologische Erkenntnisse aber stellen diese Gefiederten in ein ganz anderes Licht. Wer ihre nächtlichen Aktivitäten und Lautäußerungen als – in der Evolution entstandene – Anpassungen zu deuten versteht, der wird sich weder vor ihnen fürchten, noch irgendeinen Anlass sehen, sie zu jagen und zu töten. Die wissenschaftliche Einsicht in das Leben der Eulen ändert also auch unser Verhalten ihnen gegenüber (vorausgesetzt, wir sind bereit, alte Mythen zugunsten der Wissenschaft aufzugeben). Dieses Beispiel, so trivial es auch sein mag, bringt uns direkt zu einem der vornehmlichen Ziele der Bioethik.

2.3
BIOETHIK ALS ÜBERLEBENSWISSENSCHAFT

Wie bereits bemerkt wurde, entstand die Bioethik aus dem Vorschlag, eine Synthese von Moralphilosophie und Naturwissenschaft zu entwickeln. Sie verbindet Ergebnisse der biologischen und medizinischen Wissenschaften mit moralischen Fragen. Es ist kein Zufall, dass sich die Bioethik zu entfalten begann, als der Status des Menschen als *biologisches* Wesen immer deutlicher wurde (Sherlock 2005). Der Begriff der Bioethik im engeren Sinn wurde 1971 von Andre Hellegers am Kennedy Institute of Ethics an der Georgetown University in Washington eingeführt (vgl. Düwell und Steigleder 2003, Irrgang 2005). Die entsprechenden Diskussionen in Europa begannen etwa zehn Jahre später. Einige der bioethisch relevanten Probleme hatten sich freilich, diesseits und jenseits des Atlantischen Ozeans, schon wesentlich früher abgezeichnet, und wir werden im Weiteren noch auf den einen oder anderen Philosophen und Naturforscher früherer Jahrhunderte stoßen, der über Bioethik – im weiteren Sinn – etwas zu sagen hatte. Als medizinische Ethik ist die Bioethik in der europäischen Geistesgeschichte tief verwurzelt (vgl. Engelhardt 2000 a). Anfang der 1970er Jahre aber bestand die Absicht, vor dem Hintergrund der ökologischen Krise eine neue *Überlebenswissenschaft* zu begründen, die seither an Aktualität nicht etwa eingebüßt, sondern ganz entscheidend gewonnen hat. Die Überlebensfragen der Menschheit werden immer bedeutungsvoller. Das zeigt sich vor allem in der wachsenden Weltbevölkerung, dem Hunger in der Dritten Welt und der zunehmenden Naturzerstörung.

In der Tat beziehen sich bioethische Reflexionen grundsätzlich auf das Überleben – sowohl von Individuen als auch von Arten. Wie das Eulen-Beispiel zeigt, beeinflussen unsere wissenschaftlichen Erkenntnisse letzten Endes auch unsere (moralische) Einstellung zu Lebewesen und können zu deren Überleben beitragen. Als Überlebenswissenschaft lässt sich die Bioethik auf jenes bereits erwähnte biologische Prinzip gründen, wonach alle Organismen darauf programmiert sind, relativ lang am Leben zu bleiben und sich erfolgreich fortzupflanzen. Dieses Prinzip trägt einen elementaren *Egoismus* in sich, und zwar nicht nur beim Menschen, sondern bei allen Arten, auch wenn diese über ihr eigenes Verhalten nicht bewusst nachzudenken imstande sind. Selbstbevorzugung (beim Menschen) ist – aus eben diesen Gründen – eine Haltung, mit der wir rechnen müssen (Wolf 2004). Darin liegt auch der Hauptgrund für die Schwierigkeit, «einer Regel zu gehorchen, die befiehlt, alle Menschenleben, die wir retten können, zu retten» (Singer 1984, S. 221), ganz zu schweigen vom Leben anderer Arten. Somit erweist sich der moralische Altruismus eines Albert Schweitzer abermals als Illusion. Allerdings ist, wie wir im nächsten Kapitel sehen werden, der Mensch als soziales Lebewesen gerade aufgrund seiner egoistischen Interessen auch dazu programmiert, mit anderen Artgenossen zu kooperieren, ihnen zu helfen. Vorweg gesagt: Moralisch zu handeln kann sich für den einzelnen durchaus auszahlen; Moral widerspricht keineswegs immer unseren eigenen Interessen (sie wäre andernfalls auch nicht denkbar).

Der Rückbezug der (Bio-)Ethik auf die empirische Wissenschaft der Biologie kann freilich leicht den Eindruck hervorrufen, dass hier ein neuer *Biologismus* eingeführt wird. Darunter ist im Allgemeinen, sehr vereinfacht gesagt, die Auffassung zu verstehen, dass aus biologischen Erkenntnissen gesellschaftliche, moralische Normen *abzuleiten* seien. Die verheerenden Auswirkungen dieser Haltung hat uns die neuere Geschichte auf erschreckende Weise vorgeführt. Im *Sozialdarwinismus* wurde Darwins Theorie der natürlichen

Auslese völlig falsch gedeutet und sozusagen auf den Kopf gestellt (vgl. z. B. Wuketits 2005). Diese Ideologie beruht auf der Überzeugung, dass die im Wettbewerb ums Dasein überlebenden Organismen der menschlichen Gesellschaft, Politik und Wirtschaft als Vorbild dienen können und dass der natürliche Wettbewerb auf die Gestaltung des sozialen Lebens des Menschen in einem *normativen* Sinn übertragbar sei («Dschungeldarwinismus»). Die Nationalsozialisten schließlich haben Darwins Formel «Überleben des Tauglichsten» als «Recht des Stärkeren» völlig fehlinterpretiert und «Auslese» fälschlich mit «Ausmerzen» gleichgesetzt. Die Konsequenzen daraus sind hinreichend bekannt.

Die moderne Bioethik hat mit solchen Ideologien nichts zu tun. Es ist ausdrücklich festzuhalten, dass die Natur keine Moral kennt und sich sozusagen jenseits von Gut und Böse abspielt. Moral aber ist Teil *unserer* biosozialen Grundausstattung und Resultat unserer Evolutionsgeschichte. Mit anderen Worten: Die Natur schreibt uns nicht vor, wie wir handeln sollen, aber unser Handeln ist Ausdruck *unserer* Natur, die nicht beliebig formbar ist. Eine Missachtung dieser Tatsache in der Ethik führt entweder zu unbrauchbaren Moralsystemen oder begünstigt wiederum gefährliche Ideologien – den Traum vom «neuen Menschen» und dergleichen mehr (vgl. z. B. Verbeek 1992). Moralsysteme können die Natur des Menschen nicht «überformen», sie können aber im Rahmen dessen, was dem *Homo sapiens* von Natur aus möglich ist, Richtlinien vorgeben, die das Zusammenleben seiner Artgenossen erleichtern, wobei sich im Idealfall niemand benachteiligt fühlen soll. Immerhin teilen viele – oder die meisten – Menschen in einer bestimmten Kultur oder Gesellschaft moralische Grundüberzeugungen und kommen zu dem Schluss, dass bestimmte Handlungsweisen richtig oder falsch sind (Swinburne 1976). Das bedeutet zwar nicht, dass damit moralische Fragen jeweils als «erledigt» angesehen werden dürfen, aber es ist kein schlechter Anfang.

Wenn also die Bioethik als Überlebenswissenschaft verstanden wird, dann nicht im Sinne der Implikation, dass es von vornherein «wertvolles» und «wertloses» Leben gibt und dass daher das Überleben einzelner Lebewesen (Arten oder Individuen) grundsätzlich auf Kosten anderer gefördert werden darf und soll. Die Frage ist – und hier beginnen die neuen großen Probleme der Ethik –, was aus der Perspektive eines Lebewesens als gut und wünschenswert gilt. Noch bereitet es uns Schwierigkeiten, die Perspektiven einzelner Individuen unserer eigenen Spezies zu verstehen – schon aber sind wir aufgefordert, die «Sichtweise» von Schimpansen, Hunden, Katzen und Papageien nachzuvollziehen, zu erkennen, was ihnen «gut tut» und was nicht. Allerdings ist das bisher in der Verhaltensforschung dazu Geleistete auch nicht zu unterschätzen. Neuere Untersuchungen liefern zwingende Hinweise darauf, dass viele Tiere über *Emotionen* verfügen, die unseren durchaus ähnlich sind (vgl. Bekoff 2000). Daraus ergeben sich wichtige Konsequenzen für die Tierethik (Kapitel 5).

Moralisches Argumentieren in der Bioethik – wie in der Ethik insgesamt – muss stets auf unsere egoistischen Neigungen und unsere Selbstbevorzugung Rücksicht nehmen. Andernfalls bleibt jedes Moralsystem ein Luftschloss. Die Natur mit ihren unzähligen Organismenarten existiert für sich und nicht für den Menschen. Wenn aber vom Menschen die Unterstützung und Bewahrung anderer Lebewesen gefordert wird, dann ist es stets hilfreich zu erkennen, welchen (Überlebens-)Wert diese (auch) *für den Menschen* haben. Bloße Naturromantik bringt uns nicht weiter.

Eine Grundschwierigkeit, die praktisch alle bioethischen Diskussionen begleitet und mit der wir auch im vorliegenden Buch wiederholt konfrontiert sein werden, ist das Problem der *Grenzziehung*. Die Wissenschaften vom Leben sind durch einige Besonderheiten ihrer Objekte charakterisiert, die den Objekten anderer Naturwissenschaften weitgehend fremd sind: *Einmaligkeit* und *Vielfalt*. Jede Art und jedes Individuum sind einmalig, und Arten treten in einer geradezu ungeheuren Vielfalt auf (*Biodiversität*, siehe S. 110). Darüber hinaus sind Lebewesen und ihre Teile äußerst *komplexe* Gefüge. Es ist daher gerechtfertigt, der Biologie einen besonderen Status in den Naturwissenschaften zuzuerkennen (vgl. z.B. Mayr 2005). Lebewesen und die an ihnen beobachtbaren Vorgänge lassen sich nicht in ein einfaches Raster pressen. Sie befinden sich ständig im Fluss, und das Phänomen der *Entwicklung* stellt in den Biowissenschaften eine besondere Qualität dar. Die embryonale Entfaltung jedes menschlichen Wesens folgt zwar bestimmten biologischen Grundprinzipien, und doch ist sie in jedem einzelnen Fall ein einmaliger Vorgang. Leben ist Bewegung, Dynamik, es steht niemals still, außer, wenn es erloschen ist – doch sogar der Tod eines Lebewesens ist nicht immer eindeutig feststellbar.

Ein Quadrat ist ein Viereck mit vier gleich langen Seiten und mit gleich langen Diagonalen. Diese Definition ist präzise und eindeutig; jeder, der ein Quadrat zeichnen will, weiß folgerichtig ganz genau, wie er vorzugehen hat. Die entscheidenden Phänomene der Biologie (und Medizin) lassen sich nicht in diesem strengen Sinn *definieren*, abgrenzen. Das trifft insbesondere auf für die Bioethik relevante Entitäten zu. *Leben*, *Tod*, *Person*, *Individuum*, *Krankheit*, *Leid* sind Beispiele für Begriffe, die nicht genau definierbare Problemfelder bezeichnen. Es sind so genannte *abbildende Begriffe* (Hassenstein 1954), die mehr oder weniger weite Objektbereiche mit Übergängen zu Nachbarbereichen beschreiben. Kurz gesagt: Ein Lebewesen ist kein Quadrat. Viele bioethische Entscheidungen bedürfen daher eines besonderen Feingefühls im Umgang mit Komplexität, Einmaligkeit und Vielfalt.

Die Bioethik erfordert zwar keine Sondermoral für den Naturwissenschaftler und Mediziner (Mohr 1987) und hat im Wesentlichen auch die gleiche Aufgabenstellung wie die Ethik insgesamt (Birnbacher 2006), allerdings wird sie von den ungemein rasch sich entwickelnden Techniken der biomedizinischen Forschung und Praxis vor besonders schwerwiegende (moralische) Probleme gestellt. Außerdem wirft der heute allmählich anerkannte moralische Status nichtmenschlicher Lebewesen Fragen auf, die der traditionellen Ethik die längste Zeit weitgehend unbekannt waren.

Viele Vertreter der Bioethik argumentieren *utilitaristisch* – gleiches Glück für alle, Menschen und nichtmenschliche Lebewesen. Das wirft die grundlegende Frage auf: Wie können in einer Welt des Wettbewerbs *alle* glücklich werden? Und was bedeutet *Glück* überhaupt? Der eine ist glücklich, wenn er als Weihnachtsgeschenk einen neuen Mercedes bekommt, der andere empfindet Glück, wenn ihm ein Tag ohne Schmerzen gegönnt ist. Kritik an der utilitaristischen Argumentationsweise ist also angebracht und wird auch geübt (vgl. z.B. Maclean 1993), selbst wenn sie oft anderen Argumentationsweisen vorzuziehen ist. Da das Paradies auf Erden eine Utopie bleiben wird, fordern uns bioethische Probleme immer wieder dazu heraus, Interessenskonflikte zu lösen, darüber nachzudenken und zu entscheiden, ob es sich «auszahlt», ein Leben zu schützen und zu retten. Das mag nach krudem «Ökonomismus» klingen, dem ich jedoch keineswegs anhänge. Das Problem ist vielmehr, wie wir im einzelnen Fall Leiden vermeiden können, ohne neues Leiden zu erzeugen. Ich hoffe, in der Folge ein wenig zur Lösung des Problems beizutragen.

Wenn der Schein nicht trügt, wird die Bedeutung der Bioethik heute auch von Politikern anerkannt. Äußere Zeichen dafür sind die mittlerweile gegründeten Ethik-Zentren, Ethik-Kommissionen und so weiter. Aber Vorsicht ist angebracht: «Wenn Ethik als ein beschwichtigender Tranquilizer, bestehend aus mahnenden, aber substanziell folgenlosen Reden eingesetzt wird, dann bildet sie nicht mehr einen Teil der Lösung, sondern einen Teil des Problems» (Bauer 2001, S. 244). Anders gesagt: Wenn (Bio-)Ethiker nur gebraucht werden, um politische Entscheidungen beziehungsweise Entscheidungen des Gesetzgebers im Nachhinein zu legitimieren, dann kann man ebenso gut auf sie verzichten. Deshalb räume ich – wie an verschiedenen Stellen dieses Buches deutlich werden wird – (bio-)ethischen Reflexionen die Priorität gegenüber juristischen und politischen Entscheidungen ein. Soll die Bioethik ihren Aufgaben gerecht werden, darf sie sich weder politischem Opportunismus noch starren gesetzlichen Regelungen unterordnen – sie hat es nicht mit Quadraten zu tun.

Zusammenfassung des Kapitels

(1) Ethik ist eine Disziplin der praktischen Philosophie und befasst sich mit der Frage, wie wir handeln sollen, um moralisch richtig zu handeln. Sie liefert allerdings keine verbindlichen Handlungsanweisungen. Vielmehr muss sie den sich wandelnden Lebensbedingungen und Lebensbedürfnissen des Menschen gerecht werden, so dass sie stets vor neuen Herausforderungen steht.
(2) Es gibt keine absoluten Werte und Normen.
(3) «Ehrfurcht vor allem Leben» ist kein brauchbares Moralprinzip.
(4) Ethische Überlegungen dürfen nicht an empirischen Tatsachen vorbeigehen und müssen elementare Neigungen des Menschen (Streben nach Lust und Vermeiden von Unlust) berücksichtigen.

(5) Die Bioethik ist eine Teildisziplin der Ethik, die sich als Überlebenswissenschaft definieren lässt und dabei auch nichtmenschliche Lebewesen einbezieht. Sie befasst sich in der Hauptsache mit der Frage, wie das Wohlbefinden von Lebewesen gefördert werden kann und welche Handlungen im Interesse des Lebens (und Überlebens) von Organismen zu unterlassen sind, wobei sie den egoistischen Interessen der Lebewesen Rechnung tragen muss. Die Bioethik ist eine relativ junge Disziplin, die sich aber auf viele frühere Ansätze in der Ethik stützen kann.

3.
DER URSPRUNG DER MORAL

In der Tat ging mir bereits als dreizehnjährigem Knaben das Problem vom Ursprung des Bösen nach: ihm widmete ich, in einem Alter, wo man «halb Kinderspiele, halb Gott im Herzen» hat, mein erstes literarisches Kinderspiel ... und was meine damalige «Lösung» des Problems betrifft, nun, so gab ich, wie es billig ist, Gott die Ehre und machte ihn zum Vater des Bösen.
Friedrich Nietzsche

3.1
DER MENSCH ALS SOZIALES LEBEWESEN

Anders als Friedrich Nietzsche (1844–1900), der menschenscheue und weltabgewandte Philosoph, dessen Werk uns nach wie vor einige Rätsel aufgibt, brauchen wir heute Gott weder als Vater des Bösen noch als Vater des Guten zu bemühen. Wir Menschen sind von Natur aus soziale, gesellige Lebewesen, «gut» und «böse» sind Ausdruck von tief in unserer Natur verwurzelten Verhaltensantrieben. Was wir heute – in rationaler Reflexion – als «Moral» oder «Unmoral» bezeichnen, ist nichts weiter als deren Verlängerung und Verfeinerung im Rahmen der *kulturellen Evolution* (Wuketits 1993 a, b, 1995).

Geselligkeit (Gruppenbildung) oder *Sozialität* ist ein in der Tierwelt weit verbreitetes Phänomen, das in verschiedenen Formen vorkommt, man denke nur etwa an Elefantenherden, Wolfsrudel oder Bienenvölker. Mit den Ausprägungen, Mechanismen und Konsequenzen des sozialen Verhaltens bei Tieren und Menschen beschäftigt sich die moderne *Soziobiologie* auf evolutionstheoretischer und genetischer Grundlage (zur Übersicht siehe z. B. Wuketits 2002). Das Leben in Gruppen hat für die betreffenden Individuen seinen Nutzen und einen gewissen Anpassungsvorteil. (Von den Nachteilen wollen wir hier einmal absehen.) Lebewesen, die ihre Aktivitäten koordinieren, zum Beispiel kollektiv gegen einen Feind antreten oder gemeinsam jagen, können mit einem größeren Erfolg rechnen und haben höhere Überlebenschancen als «Einzelgänger».[3] Eine wichtige Rolle spielt dabei nicht zuletzt die gemeinschaftliche Jungenaufzucht, die das *soziale Lernen* fördert. Hierfür bieten verschiedene Primatenarten, die im Allgemeinen sehr sozial sind, besonders gute Beispiele. Der Mensch ist eines davon.

Menschen («Hominiden») sind typische Kleingruppenwesen. Die längste Zeit ihrer Evolutionsgeschichte – über fünf Millionen Jahre – waren sie zu Gruppen von vielleicht 30, 40 oder 50 (selten 100) Individuen organisiert, Gruppen von nomadisierenden Jägern und Sammlern. Solche Sozietäten, wie sie heute noch unter den «Wildbeuter-Gesellschaften» (früher als «Naturvölker» bezeichnet) angetroffen werden, sind als *Sympathie-* oder *Primärgruppen* zu charakterisieren, deren Individuen einander persönlich bekannt sind (*face-to-face relations*) (vgl. z. B. Campbell 1982). Wir dürfen davon ausgehen, dass sich die Grundformen unseres sozialen Verhaltens, einschließlich des Moralverhaltens, in derartigen Kleingruppen herausgebildet und stabilisiert haben. Das macht die vielen Schwierigkeiten verständlich, die uns das Leben in *Massengesellschaften* bereitet, welche sich in den jüngsten Etappen unserer Evolution – etwa in den letzten 15 000 Jahren, dramatisch aber erst im letzten Jahrhundert – entwickelt haben. Diese Entwicklung ist für eine Primaten-Spezies einmalig. Mit Megastädten von 10 bis 20 Millionen Einwohnern stellt *Homo sapiens* unter den Primaten heute den absoluten Rekord. Darauf freilich waren wir nicht vorbereitet. Das größte Problem des Menschen in den jüngsten Etappen seiner Geschichte ist die zunehmende Präsenz von Artgenossen (Alexander 1987). Unsere «pleistozäne Moral» (Ruse 1991) lässt uns nach wie vor Verwandte und persönliche Bekannte bevorzugen und fördert den Zusammenschluss relativ weniger Individuen zu Freundeskreisen, Allianzen, «Brüderschaften» und Clubs. Während in der Kleingruppe der einzelne einer direkten sozialen Kontrolle unterworfen ist, erfordern Groß- oder Massengesellschaften komplexe Moral- und Rechtssysteme, die das Individuum allerdings überfordern können. Ich stelle mir immer eine Gruppe herumziehender Steinzeitmenschen vor, die keinerlei Verkehrsregeln oder sonstige Gesetze zu beachten hatten, und im Gegensatz dazu heutige Autofahrer in einer Großstadt, die alle paar Minuten von einer Verkehrsampel an der Weiterfahrt gehindert werden (und so möglicherweise einen wichtigen Termin verpassen). Die Pointe ist, dass auch der heutige Autofahrer zwar mit einem Steinzeitgehirn unterwegs ist, aber unter Bedingungen lebt, die seinen prähistorischen Ahnen vollkommen fremd waren (die brauchten auch keine Termine wahrzunehmen, sondern mussten nur zusehen, dass sie sich irgendwo satt essen konnten).

Die Erfahrung zeigt, dass moralische (und rechtliche) Normen um so eher akzeptiert werden, je besser sie mit unserer Grundausstattung als biologische Spezies übereinstimmen (vgl. Ayala 1987) und überall dort auf Schwierigkeiten stoßen, wo sie unseren stammesgeschichtlich erworbenen Neigungen widersprechen. Die gewaltigen Veränderungen im sozialen Bereich, die die letzten Jahrtausende (und abermals vor allem das letzte Jahrhundert) unserer Evolution kennzeichnen, dürfen nicht darüber hinwegtäuschen, dass sich unsere Verhaltensdispositionen in dieser Zeit *nicht* verändert haben und unser Handeln nach wie vor von einer «Steinzeitmoral» beherrscht wird, die sich im Wesentlichen auf zwei einfache Imperative zurückführen lässt (Mohr 1999 b):

1. Unterstütze deine eigenen Verwandten und Sippenmitglieder.
2. Hilf jenen, die – mit hoher Wahrscheinlichkeit – später etwas für dich tun werden.

In unserem Alltag gehen wir für gewöhnlich auch tatsächlich so vor. Ein altes somalisches Sprichwort besagt: «Ich und Somalia gegen die Welt; ich und mein Clan gegen Somalia; ich und meine Familie gegen den Clan; ich und mein Bruder gegen die Familie; ich gegen meinen Bruder.» Die damit zum Ausdruck gebrachte *abgestufte Sympathie* lässt sich auch, umgekehrt, folgendermaßen formulieren: «Zuerst komme ich, dann kommen mein Bruder und meine Familie, dann unsere Sippe und danach erst unser Volk – und zusammen treten wir gegen den Rest der Welt an.» Solche und ähnliche Sprichwörter existieren in abgewandelter Form bei verschiedenen Völkern. Sie bringen zum Ausdruck, dass wir – als Folge unserer Anpassung an die Kleingruppe – nicht fähig sind, sozusagen die ganze Menschheit zu umarmen und unsere *Eigenbilder* von den jeweiligen *Fremdbildern* im Allgemeinen positiv abzuheben (vgl. Antweiler 1994, Ike 1987).

Sozialität ist ein Gattungsmerkmal des Menschen, ihre grundlegende, in der Evolution durch natürliche Auslese stabilisierte Form ist die Kleingruppe. *Homo sapiens* teilt dieses Merkmal mit anderen (Säugetier-)Arten, die aber nicht vor dem Problem stehen, ihr soziales Leben in Massengesellschaften organisieren und durch komplexe Moral- und Rechtssysteme regeln zu müssen.

3.2 EGOISMUS, ALTRUISMUS, KOOPERATION

Jeder Mensch besitzt, wie bereits festgehalten wurde, eine mitunter beträchtliche Portion Egoismus. Moralphilosophen, sofern sie nicht an Idealbildern vom Menschen kleben, haben das durchaus erkannt und in der Selbstliebe sogar den Ausgangspunkt für moralisches Handeln gesehen. So schrieb Herbert Spencer (1820–1903):

> ... eine richtige Selbsteinschätzung ist durchaus nothwendig für die gebührende Abmessung unserer Thätigkeit in Beziehung auf die Endzwecke derselben; die eigene Unterschätzung dagegen hat ja zur Folge, dass wir uns gewisse Vortheile aus den Händen entschlüpfen lassen, die leicht hätten errungen werden können; die eigene Überschätzung hinwiederum treibt zu Unternehmungen an, die aus Mangel an gehörigen Fähigkeiten fehlschlagen. Im einen wie im anderen Falle zieht man sich durchschnittlich ein gewisses Mass von Übel zu – gewisse Vortheile gehen uns verloren oder gewisse Anstrengungen sind vergebens aufgewendet worden (Spencer 1886, S. 666).

Was hier, für heutige Begriffe, vielleicht etwas «holprig» daherkommt, kleidet ein moderner Ethiker in die einfachen Worte: «Jeder weiß normalerweise am besten, was ihm gut tut, und jeder ist am meisten motiviert, selber dafür zu sorgen» (Wolf 2004, S. 513).

Um so interessanter ist es, dass Menschen offensichtlich auch einander helfen, miteinander kooperieren, sich altruistisch (uneigennützig) verhalten. Die Evolution des Menschen, meint Richards (1986), habe das Gemeinwohl gefördert. Darüber kann man unterschiedlicher Meinung sein. Warum soll die Evolution das Gemeinwohl fördern, wo es doch nur um das Überleben des Einzelnen geht? Andererseits ist es trivial, dass das Leben in Gruppen von den betreffenden Individuen ein Mindestmaß an Altruismus und Kooperation verlangt, sonst wäre Sozialität ein Widerspruch in sich. Dies bedeutet nicht, dass Individuen von vornherein nur um das Wohlergehen anderer besorgt sind. Sie kooperieren deshalb, weil es sich für sie auszahlt. Aus der Kooperation innerhalb ihrer Gruppe können die einzelnen Individuen ihre eigenen Vorteile gewinnen. Das Individuum findet innerhalb seiner Gruppe einen gewissen Schutz, so dass es gleichsam angezeigt ist, einiges für die Gruppe zu tun. Das gilt für ein Wolfsrudel oder eine Pavianhorde genauso wie für den Menschen, auch wenn bei ihm die Verhältnisse etwas komplizierter sind. (Wölfe und Paviane betreiben nicht Moralphilosophie.)

Jedenfalls bewährt sich – bei Tieren und Menschen – das Prinzip der Gegenseitigkeit, der *reziproke Altruismus*, im Volksmund bekannt durch Phrasen wie «Eine Hand wäscht die andere» oder «Wie du mir, so ich dir». Damit in engem Zusammenhang steht der *Nepotismus*, die Vetternwirtschaft. In der Regel helfen wir in erster Linie den nächsten Verwandten – einer in unserer Stammesgeschichte verwurzelten Neigung gemäß, die in Moralsystemen und im Rechtswesen auch *normativ* verankert ist. (Man denke etwa an das Erbrecht oder Zeugenaussagen vor Gericht. Niemand erwartet, dass enge Verwandte einander belasten.) Der Nepotismus ist eine direkte Folge unserer Evolution in Kleingruppen. Er bildet die Wurzeln der *Solidarität* (Voland 1999 a). Auch die Art und Weise, wie sich altruistisches Verhalten im Alltag äußert, lässt unsere Kleingruppenmoral deutlich hervortreten. «Echter» Altruismus, Selbstaufopferung ohne irgendeine Aussicht auf Gegenseitigkeit und Belohnung, ist äußerst selten. Das wussten auch die großen Religionsstifter und Propheten: Wenn sie ihren Schäflein schon nicht das «Paradies auf Erden» garantieren konnten, so stellten sie ihnen doch eine Belohnung im «Jenseits» in Aussicht. Immerhin. Und das gilt heute nach wie vor.

Natürlich stellt sich die Frage, warum viele Menschen in unseren (anonymen) Großgesellschaften durchaus bereit sind, anderen, von denen sie *keine* Belohnung erwarten dürfen, zu helfen. Unsere Alltagserfahrung legt Zeugnis davon ab. Religiöse Motive sind dabei nicht unwesentlich, liefern aber sicher nicht die einzige Erklärung. Die Antwort dürfte vielmehr sein, dass sich Hilfe *in der Gesamtbilanz* auszahlt, dass der Helfer – vor allem, wenn er als solcher bekannt wird – Nutzen aus seinem Handeln ziehen kann. Altruismus aus egoistischen Motiven? Durchaus, und dagegen ist auch nichts einzuwenden, denn was letztlich zählt, sind nicht Motive, sondern die Tat selbst, die anderen Menschen (oder auch nichtmenschlichen Lebewesen) zugute kommt. Diese Überlegungen sind für eine solide Begründung der Bioethik von großer Bedeutung. Denn sie fordern, in ihrer Konsequenz, keine bedingungslose, auf absolute Werte und Normen gestützte, sondern eine im menschlichen Leben verankerte Moral, die auf die Vielfalt und Komplexität menschlicher Situationen Rücksicht nimmt.

Wir Menschen sind keine Engel, soviel steht fest, aber wir sind auch nicht die geborenen Mörder und Totschläger. Hätten sich unsere stammesgeschichtlichen Vorfahren von vornherein nur gegenseitig bekämpft, dann wäre unsere Gattung früh ausgestorben – und wir wären heute nicht hier. Ein Mindestmaß an Kooperation und gegenseitiger Hilfe muss allen menschlichen Gesellschaften schon in grauer Vorzeit eigen gewesen sein. Moral ist also einerseits die Folge unserer sozialen Evolution, andererseits aber – durch komplexe Rückkoppelungsprozesse – auch deren «Verstärker».

3.3

DIE ENTSTEHUNG DER MORAL IN DER EVOLUTION

Die *evolutionäre Ethik* beschreibt und rekonstruiert das (menschliche) Moralverhalten auf evolutionärer Grundlage (siehe z. B. Lütterfelds 1993, Mohr 1987, Ruse 1986, Wuketits 1993 a, b, 1999 b). Sie beruht auf der Tatsache, dass der Mensch, wie alle anderen Lebewesen, ein Resultat der Evolution durch natürliche Auslese ist und sich mithin auch sein Moralverhalten in der Evolution im Dienst des Überlebens entwickelt hat. Fundamentale Überlegungen dazu finden wir bereits bei Charles Darwin (1809–1882). Auf die einzelnen Positionen und Streitpunkte der evolutionären Ethik kann im vorliegenden Rahmen nicht eingegangen werden. Nur einige grundlegende Überlegungen seien hier vorgetragen.

Der Evolutionstheoretiker ist gewohnt, nicht bloß anatomische Strukturen, sondern auch Verhaltensweisen im Hinblick auf ihre Anpassungs- beziehungsweise Überlebensvorteile zu betrachten. Merkmale, die eine weite Verbreitung finden, müssen ihren «Trägern» irgendwelche Vergünstigungen bringen. Da Moral spezifisch menschlich und bei allen Angehörigen des *Homo sapiens* verbreitet ist (Bischof 1978), muss sie bei dieser Spezies mit bestimmten Vorteilen verbunden sein. Vorstufen moralischen Verhaltens finden sich – das wusste schon Darwin, und neueste Untersuchungen liefern interessante Ergebnisse dazu – bei nichtmenschlichen Primaten, vor allem Schimpansen (vgl. Waal 2000). Daher ist die Vermutung geradezu zwingend, dass der prähistorische Mensch über bestimmte Verhaltensdispositionen verfügte, die seinem engeren «Verwandtschaftskreis» schon zu Eigen waren.

Eine einfache Überlegung zeigt, warum sich Moral – in ihrer minimalen Form und unreflektiert – auszahlt. Stellen wir uns zwei Gruppen des prähistorischen Menschen vor – eine, deren Angehörige sich gegenseitig bekämpften, und eine andere, in der sie relativ friedlich zusammenlebten und bereit waren, einander zu helfen. Es bedarf keines langen Nachdenkens, um zu erkennen, dass die zweite Gruppe gegenüber der ersten im Vorteil war und ihren Individuen bessere Überlebenschancen gewährte als die erste. Wir brauchen das Leben des prähistorischen Menschen nicht romantisch zu verklären (was auch nicht angebracht wäre), um einzusehen, dass sich Gruppennormen allein im Dienste des Überlebens als tauglich erwiesen. Daher ist anzunehmen, dass sich «moralische Gefühle» durch Prozesse der Gruppenstabilität entwickelt haben, wodurch (in einer Welt von Egoisten!) eine Neigung entstand, das Gemeinwohl zu fördern (vgl. Castro und Toro 1998). (Diese Neigung braucht allerdings nicht zu bedeuten, dass sich stets *alle* Menschen um das Wohl anderer sorgen.)

Der Mensch war von vornherein auf seine Artgenossen angewiesen und konnte viele seiner Ziele nur mit Hilfe anderer erreichen. Kultur und Zivilisation hätten sich ohne die Kooperation vieler Menschen nie entwickelt. Einfache Beobachtungen in unserem täglichen Leben zeigen, dass sich oft spontan Interessen- oder Notgemeinschaften bilden, nach dem Motto «Gemeinsam sind wir stärker». Es bedarf keiner rationalen (moralphilosophischen) Reflexion, um in bestimmten Situationen mit anderen – selbst wenn es sich dabei um «Fremde» handelt – zusammenzuarbeiten. Zu unseren in der Stammesgeschichte entstandenen Neigungen, die Moralprinzipien gleichsam automatisch nach sich gezogen haben, gehören beispielsweise

– die Sicherung der Fortpflanzung,
– die Sicherung von Ressourcen und
– das Wir-Gefühl.

Sie finden ihren moralischen Ausdruck in der (heute auch rechtlich unterstützten) Forderung nach

- Säuglingsbetreuung und Kinderfürsorge,
- Nahrungstausch und Nahrungslieferungen sowie
- Solidarität mit der eigenen Gruppe (dem eigenen Volk oder Staat).

Diese (moralische) Forderung spiegelt aber auch deutlich Überlebensinteressen wider. Andere Forderungen wiederum haben wenig Chancen, durchgesetzt zu werden, so zum Beispiel:

- Leiste Hilfe, ohne jemals irgendeine Gegenleistung zu erwarten.
- Hege keine bösartigen Absichten gegen Menschen, die dir Böses getan haben.
- Bevorzuge keinen Menschen (auch nicht die eigenen Verwandten und Freunde), sondern stehe zu allen Menschen gleich gut.
- Begnüge dich mit dem Nötigsten, das du zum Leben brauchst, und verzichte auf Eigentum.

Wir dürfen daher davon ausgehen, dass die Entstehung und Entwicklung von Moral in direktem Zusammenhang mit dem Überleben stand und ursprünglich keiner abstrakten Begründung bedurfte. Aus genau diesem Grund sind Forderungen wie die genannten obsolet.

Für die Bioethik als Überlebenswissenschaft liefert die evolutionäre Ethik unverzichtbare Haltegriffe. Sie rekonstruiert und beschreibt die Pfade der Evolution des Menschen als soziales Lebewesen, stützt sich dabei auf die Resultate verschiedener empirischer Wissenschaften (Evolutionsbiologie, Verhaltensforschung, Soziobiologie) und macht deutlich, was für Menschen aufgrund ihrer stammesgeschichtlichen «Mitgift» wünschenswert erscheint, von welchen Präferenzen und Abneigungen ihr Verhalten und Handeln maßgeblich gesteuert wird. Abermals ist hier darauf hinzuweisen, dass es nicht darum geht, unser (moralisches) Sollen aus unserem Sein *abzuleiten*, wohl aber um eine Bestimmung des Sollens im Rahmen unserer Entwicklungsgeschichte als soziales Lebewesen. Eine solche Bestimmung ist zwar nicht «exakt» möglich – wie die Bestimmung eines Quadrats (vgl. S. 28) –, sie lässt manches offen, ist jedoch den Versuch wert.

3.4
TRAGWEITE UND GRENZEN DER MORAL

An dieser Stelle endlich ist die Klärung eines zentralen Begriffs vonnöten. Was ist Moral? Im Allgemeinen wird darunter «Sittlichkeit» verstanden, die Gesamtheit gesellschaftlicher Werte und Normen, der «normative Grundrahmen für das Verhalten vor allem zu den Mitmenschen, aber auch zur Natur und zu sich selbst» (Höffe 1997, S. 204). Ich definiere *Moral* funktionell, und zwar folgendermaßen:

> Die Summe aller Regeln oder Normen, die von den Individuen einer Gesellschaft zu befolgen sind, damit diese funktionsfähig bleibt und überleben kann. Dabei handelt es sich um Regeln des Zusammenlebens, denen vielfach bestimmte Wertvorstellungen zugrunde liegen. Diese ... Definition von Moral postuliert keine idealistische oder idealisierende Vorstellung vom Menschen. Sie lässt auch offen, was unter spezifischen Bedingungen in einzelnen Gesellschaften als «moralisch» oder «unmoralisch» gelten kann, und impliziert nicht die *objektive* Existenz von Werten und Normen (Wuketits 1999 b, S. 8).

Diese Definition bedeutet natürlich nicht, dass sich *alle* Individuen einer Gesellschaft moralisch verhalten. Vielmehr lehren uns einfache Erfahrungen, dass sich manche Menschen grundsätzlich *gegen* die jeweils herrschenden Normen und Wertvorstellungen stellen (wobei keineswegs allein Verbrecher gemeint sind, sondern durchaus auch Personen, die die bestehenden Normen und Werte aufgrund anderer moralischer Vorstellungen ablehnen und sich um eine Verbesserung der allgemein akzeptierten Moral bemühen). Die Definition schließt aber einen *Wandel* unserer Moral ein: Es gibt keine «ewigen», sondern nur Werte und Normen, die unter den gegebenen (gesellschaftlichen) Bedingungen weitgehend Akzeptanz finden. War es zum Beispiel noch vor nicht zu langer Zeit auch in unseren Breiten durchaus üblich, Hunde anzuketten, so widerspricht heute eine solche Behandlung der Vierbeiner elementaren tierethischen Grundsätzen (die in entsprechenden Tierschutzgesetzen ihren Niederschlag finden). Und während Homosexualität beispielsweise in Deutschland oder Österreich noch vor kurzem einen strafbaren Tatbestand darstellte und von der Allgemeinheit moralisch geächtet wurde, regt sie heute die meisten von uns nicht mehr auf (und wurde vom Gesetzgeber legalisiert). Schließlich ist zu betonen, dass Moral und Unmoral keine abstrakten «Kategorien» darstellen, sondern elementare Aspekte unseres Lebens, die in unserem täglichen Handeln einen mehr oder weniger kraftvollen Ausdruck finden.

Der moralische Absolutismus (S. 18) erweist sich als unhaltbar. Das absolut Gute gibt es ebenso wenig wie das absolut Böse. Auch der religiöse Moralismus (S. 18) ist zumindest zu relativieren. Religionsstifter mögen ihrer Zeit und ihrem kulturellen Hintergrund entsprechend richtige Vorstellungen von Moral entwickelt haben, die aber unter veränderten Lebensbedingungen des Menschen keine Bedeutung mehr zu haben brauchen – oder sich grundsätzlich als unbrauchbar erweisen können. Die Bibel ist in der altorientalischen Kultur angesiedelt, ihre Verfasser brachten im Rahmen dieser Kultur moralisch relevante Probleme und Lösungsvorschläge zur Sprache, aber natürlich konnten sie nicht die (moralischen) Probleme *unserer Zeit* vorwegnehmen oder auch nur erahnen. Das heißt nicht, dass die Bibeltexte für uns heute grundsätzlich uninteressant wären – sie sind interessant im Kontext einer anderen Kultur. Und manche darin zu findenden Aussagen enthalten den Lösungsversuch zu allgemeinen moralischen Problemen, dürfen aber eben nicht als absolut genommen werden. Das gilt selbstverständlich ebenso für alle anderen fundamentalen religiösen Texte.

Wir können davon ausgehen, dass eine Gesellschaft – das kann eine Familie sein, ein Freundeskreis, ein Interessensverband oder ein Staat – grundsätzlich zum Scheitern verurteilt wäre, wenn sich keines der Mitglieder an eine gewisse Minimalmoral halten würde. Daher ist umgekehrt zu beobachten, dass *allen* Gesellschaften irgendwelche Werte und Normen eigen sind (siehe oben), dass Moralvorstellungen – was auch immer ihre konkreten Inhalte sein mögen – bei allen Völkern und Kulturen angetroffen werden und sogar Verbrecherorganisationen ihre Moral haben (unabhängig davon, dass sie sich «nach außen hin» unmoralisch verhalten).

Ebenso müssen wir aber auch nach den Grenzen unserer Moral beziehungsweise Moralfähigkeit fragen. Um überhaupt eingehalten werden zu können, müssen Moralprinzipien grundsätzlich *lebbar* sein. So hätte es keinen Sinn, eine moralische Norm begründen zu wollen, der zufolge jeder Mensch beispielsweise nur zwei Stunden pro Tag schlafen darf. Der unserer Spezies eigene Schlafbedarf liegt bei sechs bis neun Stunden, variiert individuell – die Grenze ist nach oben und nach unten nicht scharf zu ziehen –, aber bloß zwei Stunden sind kurz- bis mittelfristig für uns zu wenig. Man mag sagen, dass dieses Beispiel weit hergeholt sei. Schließlich kam ja noch niemand auf die Idee, unseren Schlafbedarf moralisch (oder gar gesetzlich) zu regeln. Gewiss, aber die Idee der sexuellen Enthaltsamkeit (unerlaubter Geschlechtsverkehr vor der Ehe, Zölibat und so weiter) ist kein an den Haaren herbeigezogenes Beispiel für absurde Moralprinzipien. Repräsentativ dafür ist die traditionelle *Sexualmoral* der katholischen Kirche. Vom Menschen, dem – neben dem Zwergschimpansen oder Bonobo – «sexuellsten» aller Säugetiere Enthaltsamkeit zu fordern, zeugt von einem veritablen Mangel an biologischen Kenntnissen unsere Spezies betreffend.

Die Leistungsfähigkeit des Menschen – als Gattung und als Individuum – ist aus anatomischen und physiologischen Gründen begrenzt. Mag es sich dabei auch um fließende Grenzen handeln, sind sie doch nicht beliebig dehnbar. Niemand kann aus dem Stand 50 Meter hoch springen, unbegrenzt lang auf Essen und Trinken verzichten oder seinen Harndrang ständig unterdrücken. «Ethische Reflexion hat diese Grenzen zu kennen und zu respektieren» (Mohr 1987, S. 88). Unser (moralisches) Können liegt in unserer biosozialen Natur begründet – und nicht in davon abgehobenen Geboten der Religionen oder Vorschriften des Gesetzgebers (vgl. Wuketits 1999 b). Die Notwendigkeit moralischer Entscheidungen führt uns oft an Grenzsituationen heran, und wir müssen zugeben, dass sie uns mitunter überfordert. Das zuzugeben ist allerdings wichtig. Denn die Alternative wäre ein moralischer Rigorismus oder Absolutismus (S. 18), der im Ganzen mehr Schaden stiftet als moralische Ratlosigkeit. Gefragt ist keine strenge *Prinzipienethik*, sondern eine *individuelle Verhandlungsmoral*, die auch – der jeweiligen Situation gemäß – Kompromisse erlaubt.

Wenn Ethik nicht universell ist, nicht objektiv und schon gar nicht objektiv begründbar ist, dann verliert der Dissens auch wesentlich an Aggressionspotential. Bei moralischer Entrüstung

> ist man dann auch nicht mehr gehalten, zur Flinte zu greifen, sondern einen Kognak zu nehmen (Kanitscheider 2000, S. 15).

Im Falle bioethischer Probleme müssen wir immer wieder mit einem (moralischen) Dissens rechnen, dürfen diesen aber als Chance betrachten – vorausgesetzt, dass wir uns nicht auf «ewige Werte» berufen oder andere obskure Vorstellungen von (absoluter) Moral entwickeln. Mag sein, dass uns beispielsweise eine Gesichtstransplantation, wie sie jüngst in Frankreich durchgeführt wurde, unheimlich erscheint (weil sie etwas völlig Neues darstellt) –, wenn dabei aber der betroffenen Patientin ein «neues» Leben ermöglicht wird, sie selbst ein neues Gesicht wünscht und damit zufrieden ist, dann ist moralische Entrüstung unangebracht. Schließlich konnten wir uns die längste Zeit auch schwer vorstellen, dass ein Mensch mit einem ihm eingepflanzten, fremden Organ weiterleben kann.

Wie gesagt, der Bioethik als Überlebenswissenschaft geht es durchaus um die Förderung des Wohlbefindens von Menschen (und anderen Lebewesen!). Wenn dabei gelegentlich neue – uns noch fremde – Mittel angewendet werden, dann sollte das Problem nicht in ihrer Fremdartigkeit bestehen, sondern nur in der Frage, ob sie für Betroffene mehr Nutzen als Schaden stiften. Allerdings dürfen wir die gesellschaftliche Akzeptanz oder Ablehnung von Mitteln und Methoden nicht außer Acht lassen und müssen die Gefühle von Menschen berücksichtigen (vgl. Birnbacher 2006). Daher sind bioethische Entscheidungen notgedrungenermaßen oft nichts weiter als Kompromisse, geschlossen zwischen Vertretern diametral entgegengesetzter Positionen. Einem moralischen Rigorismus sind Kompromisse jedoch unbedingt vorzuziehen. Sie lassen zwar manches offen, geben aber gerade deshalb den Impuls für weitergehende Diskussionen und eine Erörterung der Frage, ob man's, salopp gesagt, nicht doch noch machen könnte.

Zusammenfassung des Kapitels

(1) Moral fiel nicht vom Himmel. Sie ist die Summe aller Regeln und Normen, die der Stabilisierung einer Gesellschaft dienen und ein Resultat der Evolution durch natürliche Auslese.

(2) Der Mensch ist ein soziales Lebewesen; was wir heute als «Moral» (oder «Unmoral») bezeichnen, ist Folge seiner sozialen Evolution, die sich die längste Zeit in Kleingruppen abspielte. Menschen sind von Natur aus Egoisten, aber das Leben in der Gruppe erfordert seit jeher ein Mindestmaß an Kooperation und Altruismus.

(3) Dem altruistischen, helfenden Verhalten sind allerdings Grenzen gesetzt. Sie bedeuten Grenzen für die Moral insgesamt, mit denen wir ebenso rechnen müssen wie mit anatomisch-physiologischen Grenzen, die zwar nicht scharf gezogen, aber auch nicht beliebig ausgedehnt werden können.

(4) Das Leben in den heutigen Massengesellschaften, auf das der Mensch nicht vorbereitet war, wirft besondere moralische Probleme auf, die aber nicht durch einheitliche, rigorose Normen gelöst werden können. Einem auf absoluten Prinzipien beruhenden Werte- und Normensystem ist eine individuelle Verhandlungsmoral vorzuziehen.

4.
DIE (UN-)ANTASTBARKEIT MENSCHLICHEN LEBENS

Wir fühlen, daß selbst, wenn alle *möglichen*
wissenschaftlichen Fragen beantwortet sind,
unsere Lebensprobleme noch gar nicht berührt sind.
Ludwig Wittgenstein

4.1
RECHT AUF LEBEN – RECHT AUF STERBEN?

Dass jeder Mensch ein Recht zu leben habe, bedarf keiner Begründung. Ob bestimmte Menschen – Schwerverbrecher – getötet werden dürfen *(Todesstrafe)*, ist eine Frage, an der sich nach wie vor die Geister scheiden. Von solchen Grenzfällen jedoch abgesehen, wird man das Lebensrecht eines Menschen nicht ernsthaft in Zweifel ziehen.[4] (Allein die politische Korrektheit gebietet es heute, das Problem eigentlich gar nicht erst aufkommen zu lassen.) Da jeder Mensch, naturgemäß, *ungefragt* zur Welt kommt, erscheint es aus moralischen – ja, eigentlich schon aus «logischen» – Gründen auch verwerflich, ihm *a posteriori* das Lebensrecht abzusprechen. Anders verhält es sich mit dem Recht auf Sterben. Dass wir Menschen, wie alle Lebewesen, sterblich sind, ist eine biologische Grundtatsache, eine Einsicht, die nur uns Menschen möglich zu sein scheint (und unsere Kulturgeschichte, so paradox das auch klingt, in vielerlei Hinsicht «belebt» hat) –, ob wir aber unserem eigenen oder dem Leben anderer Menschen (womit jetzt nicht Schwerverbrecher gemeint sind) ein Ende setzen dürfen, ist ein völlig anderes Problem, dessen Tragweite in den aktuellen, teils sehr emotional geführten Diskussionen um die *Sterbehilfe* deutlich zum Ausdruck kommt.

Im christlichen Abendland wurde – und wird zum Teil heute noch – der *Suizid* als (moralisch) verwerflich angesehen. Schon der (nach wie vor geläufigere) Ausdruck *Selbstmord* deutet auf einen gewaltsamen (aus moralischen Gründen sträflichen) Akt, der die längste Zeit auch entsprechend geahndet wurde. Wie so oft, kommen auch hier in der Sprache Wertungen zum Ausdruck, die, bei näherer Betrachtung, einer gewissen Absurdität nicht entbehren. So weist Radnitzky (2004), ein entschiedener Befürworter des Rechts auf Sterben, darauf hin, dass sich selbst zu «ermorden» logisch genauso unmöglich sei, wie Ehebruch mit der eigenen Frau zu begehen (oder eben mit dem eigenen Mann). Aber diese Einsicht ist – in unserem Kulturkreis – relativ neu. Da «Selbstmörder» aus nahe liegenden Gründen nicht wie Mörder bestraft werden können, wurden sie auf andere Weise geächtet. Sie bekamen vor allem kein ordentliches Begräbnis. Noch im Jahre 1999, als sich ein Mann im Petersdom erschoss, wurde ernsthaft die Frage erörtert, ob die Hauptkirche des Christentums neu geweiht werden muss (vgl. Mischler 2000). «Gott hat's gegeben, nur Gott kann's wieder nehmen» – so oder ähnlich lautet, vielerorts noch heute, die Devise, wenn es um die Frage geht, das eigene Leben zu bewahren oder ihm ein Ende zu setzen. Seit der Antike gilt der Suizid als Unrecht an der Gesellschaft (vgl. z. B. Birnbacher 2006), was damit zu tun hat, dass dem Individuum die längste Zeit grundsätzlich nur minimale Rechte zugesprochen wurden, mit der Begründung, dass es sich seinen Pflichten gegenüber dem Staat und der Gesellschaft nicht entziehen darf. Nur Suiziden aus altruistischen Motiven wurde eine (hohe) moralische Qualität beigemessen. «Er hat für Gott, Kaiser und Vaterland, sein Leben gelassen» – solch gefährlicher Unsinn wiederum war zu allen Zeiten verbreitet und hat sich bis heute gehalten. Der Einzelne zählt oft bloß als «Funktionsträger» seiner Sozietät, für die er sein Leben opfern darf (und *soll*) und die sich sehr wohl auch das Recht herausnimmt, ihn aus dem Leben zu weisen (siehe Todesstrafe!). Er darf aber nicht über sein eigenes Leben verfügen.

Strikt biologisch gesehen ist der Suizid, so tragisch einzelne Fälle für sich betrachtet auch sein mögen, freilich eine Anomalie, gewissermaßen kontraproduktiv, weil es gilt, möglichst lang (zumindest bis zur erfolgreichen Fortpflanzung) am Leben zu bleiben. Eine noch größere Tragik stellen alle Soldaten dar, die – unfreiwillig (!) – in einem Krieg ums Leben kommen (zumal sie sich meist auch im jugendlichen Alter befinden). Aber das ist ein eigenes Thema, so schwerwiegend allerdings, dass ich mich wundere, warum ihm nicht wesentlich mehr Aufmerksamkeit geschenkt wird, als es tatsächlich der Fall ist.

Sterbehilfe ist in manchen Ländern ein nach wie vor tabuisiertes Thema – in Deutschland und Österreich nach den Exzessen im Dritten Reich nicht ganz unverständlich. Aber es ist an der Zeit zu erkennen, dass es sich dabei – der Ausdruck *Hilfe* sollte es schon kenntlich machen – nicht mehr um die von einer verbrecherischen Ideologie propagierte Ausmerzung «unwerten Lebens» handelt, sondern um die Erlösung eines Menschen von einem unerträglichen Leidensdruck. Allerdings sind (nach Hoerster 1998) drei Formen der Sterbehilfe zu unterscheiden, die sozusagen verschiedene moralische Ebenen markieren:

1. *Aktive Sterbehilfe* als gezielte Herbeiführung des Todes (zum Beispiel durch Verabreichung einer tödlichen Dosis von Medikamenten).
2. *Indirekte Sterbehilfe*, wobei eine Beschleunigung des Todeseintritts als Nebenwirkung gezielter Schmerzbekämpfung in Kauf genommen wird.
3. *Passive Sterbehilfe*, die Herbeiführung des Todes durch Handlungsverzicht.

In Abschnitt 4.8 wird darauf noch zurückzukommen sein.

Grundsätzlich soll es jedem Menschen freistehen, sich das Leben zu nehmen, wenn dieses ihm – nach seinen eigenen Kriterien – nicht mehr sinnvoll und lebenswert erscheint. Da aber in vielen Fällen die empfundene «Sinnlosigkeit» nur ein vorübergehender Zustand ist und die Betroffenen unter anderen Umständen durchaus gern am Leben bleiben würden, ist es selbstverständlich die moralische Aufgabe der Gesellschaft, suizidgefährdeten Personen zu helfen, sie von ihrem Vorhaben sozusagen abzubringen. In einer Situation der Verzweiflung mag jemand daran denken, sich umzubringen, doch kann derselbe Mensch nur wenig später, wenn ihm ein angenehmes Erlebnis gegönnt ist, durchaus froh sein, dass er noch lebt, gleichsam nach dem Motto: «Wie dumm wäre es doch gewesen, wenn ich mich umgebracht hätte; ich könnte *das* jetzt nicht mehr erleben.» Es erscheint uns als selbstverständlich, einen schwer Betrunkenen daran zu hindern, sein Auto zu lenken, da er sich – einmal abgesehen von der Gefahr, die er für andere darstellt – dabei der Gefahr aussetzt, sich selbst zu töten, was aber nicht in seiner Absicht liegt. Wieder nüchtern, ist er froh, dass er am Autofahren gehindert wurde. Der Vergleich hinkt vielleicht, aber im Prinzip ist auch mancher zum Suizid Entschlossene im Nachhinein dankbar, dass sein Plan vereitelt wurde. Außerdem ist mancher Suizidversuch ein Hilferuf und eben nicht von der

Absicht der Selbsttötung begleitet. Leider wird das Problem Suizid nach wie vor tabuisiert, was die effektive Hilfe nicht erleichtert. Es gilt, Risikofaktoren und Warnsignale zu erkennen und präventive Maßnahmen zu ergreifen (siehe zur Übersicht Bronisch 1999). Das kann nicht allein Aufgabe «offizieller» medizinischer und psychologischer Einrichtungen sein; vor allem von Personen im engeren sozialen Umfeld des Suizidgefährdeten ist eine besondere Wachsamkeit anzumahnen. Die Devise darf nicht lauten: «Über Suizid soll man nicht reden.» Wohl wäre schon mancher Suizid verhindert, mancher Mensch, der im Grunde seines Herzens weiterleben wollte, gerettet worden, wenn «man» darüber gesprochen hätte.

Einem Menschen aber prinzipiell das Recht auf Selbsttötung abzusprechen, ist falsch und einer aufgeklärten, humanen Gesellschaft nicht würdig. Auch Birnbacher (2006, S. 211) meint, es sei evident, «dass eine wohlerwogene Entscheidung zum Suizid im Allgemeinen respektiert werden muss.» Im Falle von Personen, die sich – aufgrund unheilbarer Krankheiten oder altersbedingt – in ihren Lebensmöglichkeiten dramatisch eingeschränkt sehen, nicht mehr so leben können, wie sie es gewohnt waren, und einen Zustand völliger körperlicher Hilflosigkeit vermeiden wollen, ist der Suizid nachvollziehbar und zu respektieren. (Aus meinem beruflichen Umfeld sind mir einige solcher Fälle bekannt.) So wie es ein Recht auf Leben gibt, muss es ein Recht auf Sterben geben. Nach Mackie (1980) kann es auch nicht moralisch falsch sein, Beihilfe zu einer Selbsttötung zu leisten. Das gilt allerdings nur, wenn der Entschluss zum Suizid keiner «momentanen Laune» folgt und der Betroffene keinerlei Alternative zu seinem Handeln mehr erkennt. Ansonsten gilt, wie gesagt, die moralische Verpflichtung zur Suizidprävention. «Heiligkeit des menschlichen Lebens» ist jedenfalls ein überholtes Paradigma, dessen strikte Befolgung sich als unmoralisch erweisen kann. Dennoch halten nach wie vor viele an diesem Paradigma fest. Das hat zum einen religiöse Gründe. Zum zweiten ist es einfacher, sich an einen vorgegebenen Imperativ zu klammern, als der Komplexität des menschlichen Lebens gemäß moralische Entscheidungen ohne die Verfügbarkeit eindeutiger Regeln treffen zu müssen.

4.2
MENSCHENWÜRDE

Nicht nur in bioethischen Diskussionen wird vielfach das Argument ins Feld geführt, dass unter allen Umständen die *Würde* des Menschen gewahrt bleiben müsse. Sie gilt als unantastbar und als höchster und unbedingter Wert. «Würde» genau zu definieren ist schwer. Aber sie hat, in unserer intuitiven Einschätzung, jedenfalls zu tun mit Selbstwertgefühl, der Möglichkeit zur Selbstverwirklichung und dem «inneren Wert» eines Menschen und bedeutet mithin, laut *Brockhaus Enzyklopädie*, «die einem Menschen kraft seines inneren Wertes zukommende Bedeutung». Würde hat also ein Mensch *selbst*, sozusagen für sich, und nicht bloß (oder primär) im Hinblick auf seine Bedeutung für andere Menschen. Wie aber steht es damit bei einem todgeweihten Patienten, der nur noch künstlich am Leben erhalten werden kann? Bei einem als Anenzephalus[5] geborenen Kind? Bei einem zum Tode Verurteilten, der jahrelang der Vollstreckung des Todesurteils entgegensieht? Haben auch menschliche Embryonen Würde?

Man mag sich behelfen, indem man argumentiert, dass es verschiedene Formen von Menschenwürde gibt, etwa ästhetische, soziale und auf die (menschliche) Gattung bezogene (vgl. Irrgang 2005). Aber jede von ihnen muss als zerbrechlich erscheinen. Menschenwürde ist keine Konstante, die auf alle Angehörigen unserer Spezies und auf sämtliche Lebensstadien oder Lebenssituationen eines Individuums dieser Spezies uneingeschränkt Anwendung findet. Zum einen werden viele, beispielsweise zum Tod verurteilte Menschen von anderen Menschen ihrer Würde beraubt, zum zweiten kommen manche aufgrund schwerer anatomischer Missbildungen nicht in die Lage, ein menschenwürdiges Leben zu führen, oder verlieren am Lebensende ihre Würde. Das muss deutlich gesagt werden, und es macht wenig Sinn, die Würde gleichsam um jeden Preis retten zu wollen. Ein alter Mensch, der sich dem Ende seines Lebens nähert, aber elementare physiologische Prozesse (den Stoffwechsel) nicht mehr ohne fremde Hilfe vollziehen kann, mag an seinem «inneren Wert» durchaus zweifeln und sich nur noch als Belastung seiner Mitmenschen empfinden. In einer aufgeklärten Gesellschaft sind die Autonomie der Person und ein selbstbestimmtes Leben moralische Grundpostulate, aber wir müssen uns wohl oder übel damit abfinden, dass die meisten Menschen nicht «autonom» und «selbstbestimmt» *sterben* (Bauer 2006).

Würde kommt in unserer Alltagssprache häufig vor – jemand schreitet «würdevoll» dahin, bewahrt seine «Würde», indem er ein verlockendes, aber zweifelhaftes Angebot ablehnt oder in «Würde» altert. Solche und ähnliche Beispiele implizieren allerdings, dass die betreffende Person gleichsam intakt bleibt und sich im Besitz der von ihr gewünschten Lebensmöglichkeiten dünkt oder jedenfalls wünschenswerte Alternativen wahrnehmen kann. Ein Anenzephalus kann ebenso wenig Alternativen wahrnehmen wie ein im Koma liegender Patient; selbst ein Obdachloser, wenngleich physisch bei Kräften, wird seine Würde in diesem Sinn schwer bewahren können, und ein hungernder Mensch wird sich gezwungen sehen, sich auf etwas einzulassen (zum Beispiel Nahrungsmittel zu stehlen), was unter anderen Umständen «unter seiner Würde» wäre. Hatte Hitler Würde, einen «inneren Wert»? Da wir heute um die Ergebnisse seines Wirkens wissen, werden wir uns einer Antwort auf diese Frage anders nähern als Leute in den späten 1930er Jahren. Pieper (1997, S. 9) stellt richtig fest: «Die Verteufelung Hitlers aus heutiger Sicht steht im krassen Gegensatz zu seiner Vergötterung durch die Massen in den Zeiten des Nationalsozialismus.» Damals hatte er Würde, aus heutiger Sicht ist ihm keine beizumessen. Damit aber wäre zugestanden, dass die «Würde» eines Menschen sozusagen von der Beobachterperspektive abhängt – womit sie sich aber, wenn sie der *innere* Wert eines Menschen sein soll, selbst aufhebt.

Menschenwürde ist für die Formulierung von Moralprinzipien ein nur bedingt oder schlecht geeigneter Ausgangspunkt. Will man dennoch an ihrer Bedeutung festhalten, dann muss man eine Reihe von Problemen ins Auge fassen und Annahmen konstruieren, die einer kritischen bioethischen Reflexion nicht standhalten. Die Definition von Würde als «innerer Wert» eines Menschen ist sehr abstrakt und stellt uns vor das Problem, erst bestimmen zu müssen, was unter dem «inneren Wert» zu verstehen sei. Räumt man aber jedem Menschen allein auf der Basis Würde ein, dass er Mensch ist – unabhängig davon, ob er in einer Todeszelle auf die Vollstreckung des Urteils wartet, in einem KZ gedemütigt und gepeinigt oder seinerseits zum Massenmörder wird –, nimmt man also Würde gleichsam als Gattungsmerkmal des Menschen, dann wird der Begriff zu allgemein und mithin eines konkreten Sinns entleert. Mit Recht stellt daher Birnbacher (2006, S. 30) kritisch fest, dass es sich bei «Menschenwürde» um einen Begriff handelt, der bei einem Argumentationsnotstand herangezogen wird, um «bestimmte umstrittene Umgangsformen mit menschlichem Leben … rigoros für moralisch verboten zu erklären, ohne dass man sich genötigt fühlt, sich näher auf die Frage nach …

Inhalt und Status dieses Prinzips einzulassen.» Oder, wie Hoerster (2006, S. 48) noch deutlicher sagt: «Die so genannte Menschenwürde erweist sich … als nichts anderes als eine ideologische Leerformel.» Und an anderer Stelle: Aus dem Prinzip, «wonach die Menschenwürde unter allen Umständen unantastbar ist, lassen sich für [die] Frage nach den legitimen Normen für den Schutz des Lebens keine Folgerungen ziehen» (Hoerster 2002, S. 28). Der Gebrauch des Konzepts der Menschenwürde ist, wie ergänzend hinzugefügt werden soll, oft nur Ausdruck einer Doppelmoral: Manchen Menschen wird sie von anderen zuerkannt, manchen nicht (oder wenn, dann nur vorübergehend). Das jedenfalls scheint eine weithin verbreitete Praxis zu sein.

4.3 GEBURTENREGELUNG

Da viele Menschen allein dadurch, dass sie überhaupt zur Welt kommen, zu einem – um einmal in der vertrauten, wenngleich problematischen Terminologie zu bleiben – «würdelosen Dasein» verurteilt sind, stellt sich die Frage, ob es nicht – im moralischen Sinn – gut sei, ihre Geburt zu verhindern. Diese Infragestellung oder gar «Negation des Lebens» werden die meisten Vertreter eines moralischen Absolutismus oder eines religiösen Moralismus (vgl. S. 18) wohl ablehnen, aber keiner dieser beiden Moraltypen wird der Komplexität des (menschlichen) Lebens gerecht. Hier sind andere Überlegungen gefragt. *Abtreibung* (gezielter Schwangerschaftsabbruch) ist eine dem Menschen zur Verfügung stehende Möglichkeit, keimendes (menschliches) Leben nicht zur vollen Reife gelangen zu lassen. Irrgang (2005, S. 121) meint, die Schwangerschaft stelle «ein besonderes Stadium im Leben der Frau wie auch des werdenden neuen Menschen dar», und es sei daher biologisch und anthropologisch ungerechtfertigt, «sie lediglich als einen besonderen physiologischen Zustand der Mutter zu deuten». Aber wie man sie auch sonst deuten mag – Tatsache bleibt, dass vielen zur Welt gebrachten Kindern eine triste (biologische, psychische, soziale) Zukunft bevorsteht.

Wenn es stimmt, dass in Deutschland pro Jahr etwa 200 000 (legale) Abtreibungen vorgenommen werden, von denen die meisten nicht aus medizinischen Gründen erfolgen, dann allerdings handelt es sich dabei um eine moralisch bedenkliche Praxis, die absichtliche Tötung eines gesunden Menschen vor seiner Geburt (Mohr 1999 b). Denn Tatsache bleibt – und dazu braucht man keinen «konservativen Werten» anzuhängen –, dass die Tötung eines (gesunden) Embryos die weitere Entfaltung eines Menschenlebens verhindert. Die Idee, dass ein einmal gezeugtes menschliches Leben auch das Recht hat, sich zur vollen Reife zu entwickeln, ist ja nicht abwegig. Eine leichtfertige Abtreibung ist moralisch verwerflich. Ein Beispiel: Eine Frau hat einen Winterurlaub geplant, merkt aber im Sommer, dass sie im dritten Monat schwanger ist. Ihre Schwangerschaft durchkreuzt also ihre Urlaubspläne. Das werdende Kind abzutreiben, bloß, um in einem halben Jahr auf den Genuss eines fröhlichen Aufenthalts in den Alpen nicht verzichten zu müssen, wäre eine zwar gesetzlich erlaubte, aber moralisch falsche Handlung. Die Gesetzgebung entbindet nicht von der Notwendigkeit moralischer Reflexion. Jedenfalls ist nach einer Entscheidung des Bundesverfassungsgerichts von 1993 in Deutschland der Schwangerschaftsabbruch ohne (medizinische) Gründe bis zur zwölften Woche straffrei, aber rechtswidrig. «Rechtswidrig» bedeutet dabei nur, dass ein Anspruch auf Leistungen der gesetzlichen Krankenversicherung nicht gegeben ist. Hier zeigt sich, wie so oft, die Absurdität der Gesetzgebung, darüber hinaus aber auch die Kluft zwischen Moral und

Gesetz. Der Gesetzgeber zeigt sich oft als unfähig, der Komplexität und Dynamik des (menschlichen) Lebens gerecht zu werden. In vielen Lebensbereichen bestätigt sich heute zunehmend der Eindruck, dass Gesetze mit Moral, mit moralischem Empfinden nichts mehr zu tun haben, sondern nur noch der (zwanghafte) Versuch sind, das (menschliche) Leben als Quadrat zu behandeln (siehe S. 28). Andererseits gilt auch: Moralisch relevante Probleme dürfen von den Auswüchsen der Gesetzgebung nicht beeinflusst werden; denn werden sie einmal gesetzlich geregelt, dann sind unsere moralisch motivierten Handlungen eingeschränkt und die Moral bleibt sozusagen auf der Strecke.

Unter welchen Umständen darf man also werdendes (menschliches) Leben töten? Welche moralischen Gründe sprechen dafür? (Zur Diskussion siehe z. B. auch Hoerster 2002, Irrgang 2005 und Singer 1984.)

Der wohl einfachste – und für die meisten Menschen leicht nachvollziehbare – Grund ist, dass die Mutter die Geburt mit hoher Wahrscheinlichkeit nicht überleben würde. Dabei kann man zusätzlich argumentieren, dass das zur Welt gebrachte Kind ohne leibliche Mutter aufzuwachsen hätte, was wiederum (für das Kind) eigene Probleme mit sich bringen könnte. Außerdem lässt sich folgendes Argument anführen: Der Tod der Mutter bedeutet in ihrem näheren sozialen Umfeld (Familie) einen größeren Verlust als der eines ungeborenen Kindes. Zwischen ihr und ihren nächsten Angehörigen besteht eine stabile «Bindung», sie wird «gebraucht», was für ein ungeborenes Kind naturgemäß nicht gelten kann.

Ein anderer plausibler Grund für Abtreibung ist die Zeugung eines Kindes unter gewaltsamen Umständen (Vergewaltigung). Die aus einer ungewollten Schwangerschaft entstehenden psychischen Probleme der betreffenden Frau können sich auch auf die Entwicklung des Kindes dramatisch auswirken. Die gewaltsame Befruchtung ohne Einwilligung der

Frau ist dabei entscheidend. Pointiert gesagt: Dem Kind bleibt einiges erspart, wenn es erst gar nicht das Licht der Welt erblickt. Ähnlich gelagert sind Fälle von Schwangerschaften, die unter Drogeneinfluss zustande kommen. Ob eine drogenabhängige Frau ihrem Kind eine halbwegs angemessene Entwicklung garantieren kann, ist äußerst fragwürdig, insbesondere, wenn sie auch sozial entwurzelt ist und nicht damit gerechnet werden kann, dass es in ihrem Umfeld eine andere Person gibt, die sich des Kindes annehmen wird.

Schließlich lassen sich Gründe für die Abtreibung finden, wenn die *pränatale Diagnostik* schwerwiegende Behinderungen (zum Beispiel Erbkrankheiten) schon vor der Geburt erwarten lässt. Die vorgeburtliche Voraussage von Behinderungen mag moralisch bedenklich erscheinen – mit der auf sie gegründeten Abtreibung wird dem werdenden Menschen sein Recht auf Leben genommen –, doch können behinderte Kinder eine beträchtliche Belastung für sich selbst und ihre Eltern bedeuten. Um hier nicht missverstanden zu werden: «Behinderung» ist ein relativer Begriff, und es steht außer Frage, dass ein Leben mit Behinderung für die Betroffenen durchaus lebenswert sein kann. Andererseits sollte man den Eltern eines Kindes mit zu erwartenden Schäden – der Anenzephalus wäre wieder ein Extrembeispiel – nicht das Recht nehmen, zu wissen, was auf sie zukommt, und sich gegebenenfalls für eine Abtreibung zu entscheiden.

In ganz besonderen Fällen werden sich noch andere Gründe für einen Schwangerschaftsabbruch finden lassen. Sie müssen jeweils gesondert «verhandelt» werden. Ein Beispiel wäre eine psychisch labile junge Frau, die nicht bereit ist, ein Kind zur Welt zu bringen. Möglicherweise würde sie, falls sie doch gebärt, später ihren Säugling töten …

Bedeutet Abtreibung das Töten eines *Menschen*? Um diese Frage beantworten zu können, ist es hilfreich zu wissen, welche Fähigkeiten der Embryo beziehungsweise Foetus in seinen jeweiligen Entwicklungsstadien aufweist (vgl. Irrgang 2005). In der zwölften Schwangerschaftswoche liegt zwar die menschliche Gestalt vor, aber die Organe sind noch nicht differenziert und haben ihre Funktionen noch nicht übernommen. Bis zu diesem Zeitpunkt kann Abtreibung nur insofern als Töten eines *Menschenlebens* gelten, als man sagen könnte, dass dadurch die biologische Bestimmung eines Embryos, *Mensch* zu werden, durchkreuzt wird. Anders verhält es sich bei Entwicklungsstadien in der 24. bis 26. Schwangerschaftswoche. Jetzt ist ein Gehirn ausgeprägt und damit die biologische Voraussetzung für die Entwicklung eines Subjekts gegeben. «Mit dem Gehirn fängt menschliches Leben eigentlich an», so lässt sich verkürzt sagen, zuvor ist es bloß als solches angelegt. Wenn in seiner «Anlage» irreparable Defekte erkennbar sind oder die anderen erwähnten Gründe für die Abtreibung sprechen, dann treten dabei keine nennenswerten moralischen Probleme auf. Eine Tötung in jenem Entwicklungsstadium, in dem bereits ein Gehirn vorliegt, ist aus moralischen Gründen – ganz abgesehen von der Gefährdung der Mutter – nicht mehr zu rechtfertigen. Wie wir noch sehen werden (vgl. 4.7), spielt das Vorhandensein eines funktionierenden Gehirns auch bei anderen bioethischen Problemen und Entscheidungen eine ganz wichtige Rolle.

Aus moralischer Sicht ist der Abtreibung sicher die *Empfängnisverhütung* vorzuziehen, bei der es – wenn sie wirkungsvoll eingesetzt wird – erst gar nicht zur Bildung von neuem Leben kommt und die uns mithin eine Reihe ethischer Probleme erspart. Nur von starken religiösen Motiven geleitete Menschen werden sich dem Argument anschließen wollen und können, dass niemand das Recht habe, dem von Gott bestimmten Prinzip der Vermehrung entgegen zu wirken. «Bestimmt» ist dieses Prinzip zwar auch in der Evolution, es bedeutet für uns aber keine moralische Verpflichtung. Hier ist nicht davon zu sprechen, dass sich unter gewissen ökologischen Bedingungen auch in der Natur der Verzicht auf eigene Nachkommen auszahlen kann, dass Homosexualität auch bei nichtmenschlichen Lebewesen vorkommt und so weiter. Lebewesen tendieren – so viel lässt sich aus evolutionstheoretischer Sicht sagen – im Allgemeinen zu einem Nachkommenüberschuss, der freilich im Wettbewerb ums Dasein durch die natürliche Auslese reguliert wird. Da beim heutigen *Homo sapiens* der Hang zur Fortpflanzung (selbstverständlich) nach wie vor besteht, viele natürliche Auslesefaktoren aber nur noch eingeschränkt wirken, ein konstant unbegrenztes Bevölkerungswachstum langfristig wiederum katastrophale Auswirkungen haben muss, ist die Geburtenkontrolle ein ernstes Thema geworden. Ein schwer wiegendes Problem in diesem Zusammenhang ist – vor allem in den Ländern der Dritten Welt – mangelnde Aufklärung über Empfängnisverhütung, die vielfach auch wieder religiös motiviert sein mag. In einer Welt, in der die Ressourcen ungleich verteilt sind und die Kluft zwischen Arm und Reich immer größer wird, erscheint es aus moralischen Gründen angezeigt, der wörtlichen Auslegung von Geboten wie «Seid fruchtbar und mehret euch» entschieden zu widersprechen. Da das konstant exponentielle Bevölkerungswachstum seit etwa hundert Jahren für unseren Planeten eine immer größere Bedrohung darstellt, kann auf Geburtenkontrolle nicht mehr verzichtet werden. Ähnlich argumentiert beispielsweise auch Mohr (1987), der allerdings in der Empfängnisverhütung die einzige moralisch legitime Form der Geburtenregelung sieht und Abtreibung nur als Notlösung unter gegebenen medizinischen oder kriminologischen Bedingungen akzeptiert.

Zwar widerspricht die Geburtenregelung, in welcher Form auch immer sie praktiziert wird, dem elementaren Antrieb allen Lebens, aber für die massive Vermehrung des *Homo sapiens* in einem so kurzen, evolutionsgeschichtlich unbedeutenden Zeitraum lassen sich in der Entwicklung der Tierwelt keine vergleichbaren Präzedenzfälle finden. Das unsägliche Leid von vielen Millionen dahinsiechender Menschen ist unter moralischem Gesichtspunkt ungleich schlimmer als eine umfassende Geburtenkontrolle. Die grausame Alternative wäre, alles der natürlichen Auslese zu überlassen, die keine Moral kennt und keine Rücksicht nimmt auf das Wohlergehen des Einzelnen, sofern der nicht selbst die Fähigkeit besitzt, sich in einer lebensfeindlichen Welt zu behaupten (und sich dabei gezwungen sieht, zu brutalen Mitteln zu greifen).

Auf der anderen Seite stellt sich das Problem, dass sich viele Menschen, die Kindern ein gutes Leben bieten könnten, Nachkommen wünschen, aber auf natürliche Weise keine bekommen können. Die moderne Medizin kennt Methoden, die Unfruchtbarkeit zu kompensieren, etwa durch *In-vitro-Fertilisation* (künstliche Befruchtung), wobei Eizellen aus dem Eierstock entnommen und außerhalb des Körpers – «im Reagenzglas» – befruchtet werden. (Zur Übersicht und Diskussion siehe z. B. Irrgang 2005.) In diesem Zusammenhang sind aus ethischer Sicht zwei Aspekte von Bedeutung.

Zum einen kann niemandem das Recht abgesprochen werden, eigene Kinder zu haben, ganz gleich, auf welche Weise sie entstehen. In einer liberalen, pluralistischen Gesellschaft sind auch die Methoden der künstlichen Reproduktion zu akzeptieren (vgl. Dahl 2005). Allerdings muss berücksichtigt werden, dass nicht jeder erfüllte Kinderwunsch für das Kind selbst günstig oder optimal ist. Eine 68 jährige Frau, die mit künstlichen Mitteln ein Kind zur Welt bringt, muss bedenken, dass sie unter Umständen zu einem Zeitpunkt aus dem Leben gewiesen wird, zu dem ihr Kind sie noch braucht. Natürlich hat auch eine 25 jährige Mutter keine Garantie, dass sie – etwa infolge eines Unfalls – nicht frühzeitig ihr

Leben verliert. Aber das ist auch eine Frage von Wahrscheinlichkeiten.

Der zweite ethisch relevante Gesichtspunkt ist folgender: Es gibt viele Kinder, die – aus unterschiedlichsten Gründen – früh ihre Eltern verlieren. Für sie wäre es wünschenswert, Ersatzeltern zu haben. Man könnte also sagen, dass zur Unfruchtbarkeit verurteilte Paare moralisch besser handeln würden, wenn sie auf die künstliche Reproduktion verzichten und stattdessen ein bereits geborenes Kind adoptieren, dem ansonsten keine rosige Zukunft vorausgesagt werden kann. Freilich sind das Ermessensfragen. Aber jeder Mensch, der von dem Wunsch beseelt ist, ein Kind zur Welt zu bringen und großzuziehen, sollte sich mit ihnen ernsthaft beschäftigen. Das moralische Grundprinzip in diesem Zusammenhang muss darin bestehen, menschliches Leid zu minimieren – und nicht zu vergrößern.

Damit kommen wir zu einem anderen im vorliegenden Kontext höchst brisanten Problem.

4.4 GENTECHNIK, GENTHERAPIE, STAMMZELLENFORSCHUNG

Vor genau dreißig Jahren brachte der amerikanische Nobelpreisträger George Wald (1906–1997) seine Bedenken gegen die Gentechnik mit ziemlich dramatischen Worten zum Ausdruck: Er sei, meinte er, zutiefst besorgt über die Zukunft der Wissenschaft, der Menschheit und des Lebens auf der Erde (Wald 1976). Es dürfte, von der Atomphysik abgesehen, keinen Bereich der (angewandten) Naturwissenschaften geben, der sowohl Wissenschaftler als auch die breite Öffentlichkeit dermaßen polarisiert und die Stimmung in weiten Kreisen der Bevölkerung so stark «angeheizt» hat wie die Gentechnik. Die Aufregung hält nun schon seit ein paar Jahrzehnten an, und für Missverständnisse ist nach wie vor gesorgt. Dabei ist die (künstliche) Beeinflussung des Erbguts von Lebewesen eine in der Landwirtschaft seit Menschengedenken praktizierte Methode (vgl. z. B. Nagl 1987). Auch die Erbgesundheitslehre oder *Eugenik* beim Menschen ist keine neue Entwicklung, sondern geht auf die Antike zurück und war stets mit der Frage verbunden, welche Merkmale förderungswürdig sind und welche nicht. Aufgrund der bereits auf S. 25 f. erwähnten ideologischen Auswüchse im Umfeld der Selektionstheorie wird diese Frage heute weitgehend tabuisiert oder zumindest mit Argwohn betrachtet. Freilich übersteigen die derzeitigen Möglichkeiten der genetischen Manipulation der Lebewesen, einschließlich des Menschen, qualitativ alles bisher da Gewesene und stellen uns auch in moralischer Hinsicht vor eine harte Probe. Längst wird die Forderung nach einer *GenEthik* laut (Bayertz 1987).

Die überaus florierende Disziplin der Gentechnik und die damit verbundenen – ebenso florierenden – Kritiken daran hier im Detail zu präsentieren, ist weder möglich noch nötig. Eine Beschränkung auf Grundsätzliches muss im vorliegenden Rahmen genügen. Was ist überhaupt Gentechnik? Sie ist ein Teilgebiet der *Biotechnologie*, die die Gesamtheit jener technischer Verfahren darstellt, welche die Leistungen von Lebewesen oder bestimmter ihrer Teile im Sinne der wirtschaftlichen Nutzung optimieren (zur Geschichte siehe Bud 1995). Genauer gesagt ist Biotechnologie «die Herstellung oder/und Isolation von Naturprodukten, Lebensmitteln, Medikamenten (z. B. Antibiotika, Impfstoffen), seltenen Chemikalien ... mit Hilfe von Mikroorganismen, vor allem Bakterien und Pilzen im industriellen Maßstab» (Nagl 1987, S. 87). Einer der Bereiche, in dem heute Gentechnik betrieben wird, ist die *Landwirtschaft*. Dabei geht es vor allem um die Transplantation genetischen Materials über Artgrenzen hinweg mit dem Ziel, die Qualität von Nutzpflanzen und

Haustieren zu verbessern, den Ertrag zu steigern und eine höhere Schädlingsresistenz zu erreichen. Mittels Gentechnik können in der Pflanzen- und Tierzucht die gewünschten Zuchtziele wesentlich rascher als mit der herkömmlichen Auslesezüchtung verwirklicht werden.

Kritiker der Gentechnik in der Landwirtschaft weisen vor allem darauf hin, dass die von ihren Befürwortern gepriesene Geschwindigkeit genetischer Veränderungen große Gefahren in sich birgt (vgl. z. B. Weish 2005). Neuerungen werden sehr rasch in die Welt getragen, so dass zu wenig Zeit zur Bewährung bleibt und andere Sorten schnell verdrängt werden. Tatsächlich ist zuzugeben, dass wir nicht wissen, welche ökologischen Konsequenzen ein großflächiger Anbau gentechnisch veränderter Nutzpflanzen nach sich ziehen kann. «Mit der Natur lässt sich nicht spaßen: Um einige Bäume zu retten oder um schmackhafteres Obst zu bekommen, setzen wir das seit Jahrmillionen bestehende Gleichgewicht aufs Spiel» (Dulbecco und Chiaberge 1991, S. 106). Zwar lässt sich dagegenhalten, dass die Natur selbst ihr eigenes «Gleichgewicht» wiederholt stört und ihre mit Jahrmilliarden zu bemessende Geschichte eine Abfolge von Katastrophen darstellt (Wuketits 1999a), aber daraus ergeben sich keine Rechte für uns. Im Gegenteil: Gerade weil in der Natur schon Katastrophen stattfinden, die uns ohnedies bedrohen, sollten wir unsererseits nicht noch weitere Katastrophen heraufbeschwören. Dem häufigen Argument der Befürworter der Gentechnik, dass die wachsende Weltbevölkerung nur durch Produktionssteigerung mittels gentechnisch veränderter Lebewesen ernährt werden könne, kann man mit einem bioethisch relevanten Gegenargument begegnen. Statt sich auf künstlich erzeugte Ertragssteigerung mit langfristig ungewissem Ausgang zu verlassen, sollte man die vorhandenen natürlichen Ressourcen besser nutzen und die Vielfalt der Arten schützen. Darauf wird in Kapitel 6 zurückzukommen sein.

Der zweite Bereich, in dem die Gentechnik zur Anwendung kommt, ist die Medizin, genauer gesagt, die *medizinische Genetik*. Dabei schwingt immer der alte Traum vom «vollkommenen Menschen» mit – was dieser auch immer sein soll. Könnte man – hypothetisch, denn die Wirklichkeit ist davon noch weit entfernt – *alle* Eigenschaften des Menschen als Spezies und als Individuum auf einzelne Gene oder Genkonstellationen zurückführen, dann müsste es auch möglich sein, durch gezielte Eingriffe ins Erbgut die erwünschten Eigenschaften zu fördern, die unerwünschten zu eliminieren. Diese Idee spukt in manchen Köpfen herum. Hier ist ganz grundsätzlich und allgemein darauf zu verweisen, dass die genetische Variabilität unserer Spezies eine wesentliche Lebens- und Überlebensgrundlage darstellt (vgl. Carson 1993). Dies muss allen Utopisten und Träumern ins Stammbuch geschrieben werden. Evolution lebt sozusagen von Vielfalt, sie ist nur auf der Basis genetischer Variabilität möglich. Eine «genetische Gleichschaltung» aller Menschen käme einem biologischen Kältetod gleich. Dazu ein einfaches Beispiel. Menschen zeigen hinsichtlich ihrer Körperhöhe eine beträchtliche Variationsbreite. Nun könnte man, damit sich niemand mehr diskriminiert fühlt, eine Regulierung beziehungsweise Vereinheitlichung der Körperhöhe wünschen. Sollte es eines Tages tatsächlich möglich sein, das Wachstum der Menschen (genetisch) so zu regulieren, dass am Ende jeder und jede eine Körpergröße von, sagen wir, einem Meter und achtzig Zentimetern erreicht (nicht kleiner bleibt oder größer wird), dann wäre dieser Wunsch erfüllt. Einmal davon abgesehen, dass es höchst fragwürdig ist, wer überhaupt über die erwünschte Körperhöhe entscheiden sollte, bleibt zu bedenken, dass eine solche Regulierung katastrophale Konsequenzen für unsere Spezies haben könnte. Es sind ökologische Bedingungen denkbar, unter denen gerade «die Kleinen» Anpassungsvorteile haben. Wenn es sie aber nicht mehr gibt – dann wäre *Homo sapiens* als Ganzes zum Aussterben verurteilt. Freuen wir uns also, dass wir nicht alle gleich groß sind, dass es unter uns sowohl «Riesen» als auch «Zwerge» gibt! Nun ist jede seriöse medizinische Genetik heute von solchen Utopien und ihren möglichen Auswirkungen zwar weit entfernt, aber ihre tatsächlichen Möglichkeiten und realistischen Zukunftsvisionen liefern genügend ethischen Zündstoff.

Die Manipulation des Lebens, auch seines eigenen, hat den Menschen schon immer fasziniert (siehe z. B. auch Wuketits 1998), doch hat die Forschung heute einen Status erreicht, der mehr denn je zu kritischen ethischen Reflexionen Anlass gibt. Die alte Frage, ob wir alles, was wir tun *können*, auch tun *dürfen*, gewinnt in jüngster Zeit zunehmend an Bedeutung. So ist es längst möglich, mittels *Gendiagnostik* Krankheitsanlagen zu erkennen, und die *Gentherapie* nährt die Hoffnung, genetische Defekte korrigieren und Erbkrankheiten heilen oder verhindern zu können (vgl. z. B. Epplen und Haupt 1997). Aus moralischer Perspektive ist nichts dagegen einzuwenden, dass Erberkrankungen verhindert werden, im Gegenteil, niemand kann sich ein erbkrankes Kind wünschen. Und wenn es darüber hinaus zum Beispiel möglich wäre, die an der Entstehung bestimmter Formen von Krebs nachgewiesenermaßen beteiligten genetischen Komponenten auszuschalten, wäre das sicherlich medizinisch wie moralisch sehr wünschenswert. «Bioethisch erscheint [die] Gentherapie ähnlich problemlos (oder problematisch) wie Therapie schlechthin» (Mohr 1987, S. 163), wobei aus der Sicht betroffener Patienten oder Eltern erbkranker Kinder ihre Vorteile gegenüber den möglichen Nachteilen wohl überwiegen. Menschen, die in Verzweiflung geraten, sind im Allgemeinen wenig misstrauisch, wenn man ihnen mit «neuen» Verfahren Hilfe verspricht. Das eigentliche (ethische) Problem der Gendiagnostik (und Gentherapie) liegt allerdings woanders. Der Genetiker Hausmann (1995, S. 209) formuliert es mit folgenden Worten:

> Wenn sich dann anhand genetischer Profile schon in Föten die Anfälligkeit für spätere Erkrankungen abschätzen lässt? Diabetes, Kreislaufstörungen, Krebs ..., eine Glatze schon mit 40? Wird man potentiell Benachteiligte ausgrenzen, diskriminieren, z. B. in Arbeitsverträgen und Versicherungen, kurzweg einfach abtreiben, um diese Probleme gar nicht erst aufkommen zu lassen? Kommt der ‹eugenische Abtreibungsboom› ..., die gesundheitspolitische Prophylaxe-Diktatur ..., ausgeübt durch die gesellschaftliche Erwartungshaltung, gar von seiten der Regierung?

Man muss nicht allzu viel Phantasie aufbringen, um hinter diesen Fragen die Befürchtung von Horrorvisionen zu erkennen, die unter bestimmten politischen Bedingungen jederzeit Wirklichkeit werden können. Auch andere Genetiker (z. B. Zankl 1998) geben folgendes zu bedenken. Die Möglichkeiten gentherapeutischer Eingriffe in die Keimzellen sind verlockend, weil man auf diese Weise genetische Defekte gleichsam an der Wurzel packen und dauerhaft beseitigen könnte. Die andere Seite der Medaille ist, dass auf dieselbe Weise nicht nur Gendefekte behandelt, sondern auch Auswahlverfahren angewendet werden würden: vorteilhafte gegen weniger vorteilhafte Gene. Wer aber darf entscheiden, welche Gene in welchem Menschen wünschenswert sind? Gibt es eine moralphilosophisch vertretbare Lösung?

Man kann Eltern, die wissen wollen, ob sie ein gesundes Kind gezeugt haben, dieses Wissen kaum verwehren. Auch eine Abtreibung bei früher Diagnose zu erwartender schwerer Krankheiten des Kindes ist, wie im letzten Abschnitt gesagt wurde, moralisch vertretbar. Anderseits kann eine vorgeburtliche Diagnostik den Grad der zu erwartenden Krankheit oft nicht erkennbar machen. Irrgang (2005) weist mit Recht darauf hin, dass vielfach nur *Krankheitsanlagen* diagnostiziert werden und nicht Krankheiten als solche. Es müsste den Eltern überlassen werden, welches Risiko sie in Kauf zu nehmen bereit sind. Generelle Regelungen beziehungsweise Gesetze von Seiten des Staates erweisen sich dabei als untaugliche Mittel. Zudem gilt es, die Intimsphäre zu wahren. Da jeder Mensch, wie wir bereits auf S. 48 bemerkt haben, naturgemäß ungefragt zur Welt kommt, dürfen, wenn er einmal – gesund oder krank – in der Welt ist, seine weiteren, von ihm selbst gewünschten Lebensmöglichkeiten vom Staat, von Versicherungsanstalten oder vom Arbeitgeber nicht beschnitten werden. Ein Mensch kann sich auf verschiedene Weise bewähren, unsere Institutionen haben kein Recht, ihn daran zu hindern. Oder, wie Jonas (1987, S. 187) sagt, jedem Menschenleben steht es zu, «seinen eigenen Weg zu finden und eine Überraschung für sich selbst zu sein.» Natürlich sollen Eltern eines werdenden Kindes nach wie vor auch das Recht in Anspruch nehmen dürfen, *nicht* zu wissen, ob ihr Nachkomme gesund oder krank zur Welt kommen wird. Moralphilosophisch gesehen gibt es keinen einzigen stichhaltigen Grund, Gendiagnostik zu erzwingen, und Eltern, die von den vorgeburtlichen diagnostischen Möglichkeiten keinen Gebrauch machen, sind vor gesellschaftlicher Diskriminierung zu schützen (Birnbacher 2006). Gegebenenfalls nehmen sie eine Bürde auf sich, die zu tragen ihnen viel abverlangt, die sie dann aber auch nicht anderen zuschieben dürfen (etwa nach der Devise «Niemand hat uns gewarnt»).

Ein anderes (ethisches) Problem, das sich in diesem Zusammenhang stellt, wird in jüngster Zeit sehr kontrovers diskutiert und sorgt auch in den Massenmedien immer wieder für Schlagzeilen. Gemeint ist die *Stammzellenforschung* (zur Übersicht vgl. z. B. Schöler 2003 und Wobus 2002). Stammzellen sind Zellen im Körper komplexer Organismen, die eine hohe Plastizität besitzen, zugleich aber Kontinuität vermitteln. Sie haben das Potential, sich in spezialisierte Körperzellen zu entwickeln. Der Beginn jedes (menschlichen) Lebens ist eine befruchtete Eizelle; aus dieser einen *totipotenten* (= allseitig entwicklungsfähigen) Stammzelle bilden sich durch fortgesetzte Zelldifferenzierung und -vermehrung über 200 sehr unterschiedlich spezialisierte Zelltypen. So entsteht allmählich ein kompletter Organismus. *Pluripotent* sind Zellen mit der Fähigkeit, sich in nahezu alle Zellen differenzieren zu können, zum Beispiel embryonale Stammzellen. Adulte Stammzellen wiederum sind undifferenzierte Zellen, die in einem ansonsten differenzierten Gewebe oder Organ vorkommen.

Die Stammzellenforschung hat in den letzten Jahren der regenerativen Medizin neue Möglichkeiten eröffnet. Die Hoffnung auf die Heilung vieler Krankheiten wird vor allem durch den Erfolg von Transplantationen des Knochenmarks genährt. Man kann Stammzellen für Zell- und Gewebeersatz bei verschiedenen Krankheiten verwenden. Das erscheint zunächst moralisch unbedenklich, allerdings sind (ethische) Kontroversen darüber entstanden, in welchem Entwicklungsstadium und mit Hilfe welcher Verfahren Stammzellen entnommen beziehungsweise gewonnen werden und ob an Embryonen überhaupt Forschung betrieben werden darf (vgl. Birnbacher 2006). Gewinnt man Stammzellen etwa aus abgetriebenen Embryonen, stellt sich die Frage, ob die Abtreibung aus medizinischen oder nichtmedizinischen Gründen erfolgte. Moralisch unbedenklich ist die Entnahme von Stammzellen abgestorbener Embryonen, die sich mithin ohnehin nicht weiterentwickelt hätten. Ebenso ist die Stammzellenentnahme moralisch weitgehend vertretbar, wenn die Eltern des Embryos die Verwendung seiner Zellen erlauben. Als kritischer erscheinen jene Fälle, bei denen menschliche Embryonen von vornherein zum Zweck ihrer Verwendung für (embryonale) Stammzellen produziert werden. Die Erzeugung von Embryonen für reine Forschungszwecke – und sei es im Dienste der Medizin – mag als Verschwendung von Leben angeprangert werden. Die «konservative» Position in diesem Zusammenhang ist, dass Embryonen ihrer Bestimmung nach *Leben* bedeuten und nicht für wissenschaftliche oder therapeutische Zwecke missbraucht oder in «Kulturen» angelegt werden dürfen.

Hier ist freilich eine differenzierte Sicht der Dinge vonnöten (vgl. Merkel 2006). Der Schutz frühester Embryonen ist unter moralischem Aspekt nur als Schutz eines Potentials sinnvoll; als Schutz nämlich der später (potentiell) geborenen Person, die aus einem Embryo entstehen kann. Einen frühen Embryo zu schützen, der dieses Entwicklungspotential – aus welchen konkreten Gründen auch immer – nicht aufweist, kann kein moralisches Gebot sein. Die öffentlichen Debatten um die Stammzellenforschung lassen oft eine Doppelmoral erkennen. Wer nämlich eine Abtreibung vor dem Ende des dritten Schwangerschaftsmonats akzeptiert, gleichzeitig aber die Stammzellenforschung grundsätzlich ablehnt, ist moralisch inkonsequent. Wer Embryonen – ganz gleich in welchem Entwicklungsstadium sie sich befinden und welche Krankheitsdispositionen sie in sich tragen – aus moralischen Gründen prinzipiell für unantastbar erklärt, verkennt, dass er mit seiner Haltung möglicherweise zur Vermehrung von Leid in der Welt beiträgt. Ein zu Forschungszwecken erzeugter Embryo hat überhaupt keine Chance, sich zu einem «fertigen» Menschen zu entwickeln; das liegt nicht in der Absicht seiner Erzeuger, und er wäre unter anderen Umständen, auf natürlichem Wege, gar nicht entstanden. Nach Hoerster (2002, S. 130) können wir dazu Folgendes festhalten:

> Insofern kann man hier mit Recht sagen (was auch oft gesagt wird), dass [der Embryo] zu diesem Zweck «instrumentalisiert» wird. Doch nicht jede Instrumentalisierung ist ... automatisch

illegitim. Ja, man kann sich fragen, warum eine Instrumentalisierung als solche überhaupt von Gewicht sein soll, sofern das instrumentalisierte Lebewesen noch keinerlei Bewusstsein oder Empfindungsfähigkeit besitzt.

Diese Überlegungen sind im Auge zu behalten, weil sie uns noch in anderen Zusammenhängen begleiten werden (nicht zuletzt bei der Erörterung tierethischer Fragen).

Schließlich sollte man bedenken, dass allein in den Vereinigten Staaten von Amerika über 128 Millionen Menschen – nahezu der Hälfte der Bevölkerung – mittels Therapien, die auf Stammzellen beziehungsweise Stammzellenforschung beruhen, möglicherweise geholfen werden könnte; umgerechnet auf Deutschland wären das etwa 38 Millionen Menschen (vgl. Schöler 2003). Dabei handelt es sich um krebskranke Patienten, Patienten mit Herz- und Kreislauferkrankungen, Diabetes und andere mehr. Diesen Menschen eine vielleicht erfolgreiche Therapie zu verweigern, ist jedenfalls moralisch verwerflicher als Forschungen durchzuführen, die – um es salopp auszudrücken – praktisch niemandem weh tun, sondern bloß Entrüstung auslösen. Allerdings dürfen auch Entrüstungen nicht ignoriert werden, denn sie spiegeln moralische Haltungen wider, die ihrerseits in unserer und anderen Gesellschaften historisch gewachsen sind und sich auf starke Emotionen gründen. Die auf S. 45 zitierte liberale Position in ethischen Fragen hat sich keineswegs schon durchgesetzt, und es wird wohl noch eine Weile dauern, bis *alle* Menschen die Relativität von Normen und Werten akzeptieren und sich in der Konfrontation mit Normen und Werten, die ihnen fremd sind, entspannt im Liegestuhl zurücklehnen, um über Moral nachzudenken. Vielleicht wird das überhaupt nie der Fall sein. Manchmal erfordern Situationen allerdings auch schnelle moralische Entscheidungen. Das konkrete Leben lädt uns nicht immer zu entspannten Reflexionen im Liegestuhl ein. Das gilt nicht zuletzt auch für die in der Folge zu diskutierenden Probleme.

4.5 ORGANTRANSPLANTATION

Der Legende zufolge haben die Ärztebrüder Kosmas und Damian bereits im 13. Jahrhundert einem Kranken das Bein eines Verstorbenen übertragen. Dass es sich dabei tatsächlich bloß um eine Legende handelt, bedarf keiner näheren Untersuchung oder Diskussion. Transplantationen von Körperteilen sind erst im 20. Jahrhundert möglich geworden, früher waren die medizinischen Voraussetzungen für erfolgreiche Gewebeübertragungen nicht gegeben. Der Traum aber, kranke oder abgestorbene Körperteile zu ersetzen, ist alt – und durchaus verständlich. In früheren Zeiten sind Menschen gestorben, weil «nur» eines ihrer Organe seinen Dienst nicht mehr tat. Nicht, dass sich daran inzwischen grundsätzlich etwas geändert hätte, aber die Vision, kranke Organe durch gesunde austauschen zu können, ist in der zweiten Hälfte des 20. Jahrhunderts Wirklichkeit geworden (siehe «Chronik», S. 80) und wirft ethische Probleme auf, die – solange man von der Organtransplantation bloß träumte – unbedeutend waren. Dabei bereitet es mittlerweile niemandem moralisches Unbehagen, dass etwa in Österreich ein nun 62-jähriger Mann schon seit über zwanzig Jahren mit einem fremden Herzen lebt. Warum auch, man soll sich mit ihm freuen und ihm ein noch langes Leben wünschen. Organverpflanzungen sind, trotz ihrer kurzen Geschichte, mittlerweile zur Selbstverständlichkeit geworden (wie problematisch sie in dem einen oder anderen Fall, aus medizinischen Gründen, auch sein mögen). Bereits 1997 wurden allein in Deutschland nicht weniger als 3839 Organtransplantationen vorgenommen (vgl. Dahl 2000), wenige Jahre später waren es bereits 4187. Das klingt beeindruckend. Aber wohl nur die wenigsten von uns vergegenwärtigen sich den Umstand, dass viele Menschen sterben müssen, «weil ... Organe, die ihr Leben hätten retten können, in Krematorien verbrannt werden oder in Gräbern verfaulen» (Knoepffler 2000, S. 66). Hier liegen die eigentlichen ethischen Probleme. Was wäre die Lösung? Sterbende Menschen sollten sich sozusagen der Medizin verschreiben, ihre Organe – sofern noch «brauchbar» – den Lebenden überlassen, die ansonsten ihrerseits zum Tod verurteilt wären. Auf diese Weise könnte wohl so manches Leben gerettet werden. Andererseits kann man niemanden dazu zwingen, seinen Körper gleichsam als Nachlass verwalten zu lassen. Der, der an ein «Weiterleben» nach dem Tod glaubt und denkt, dass ihm dieses nur gegönnt sein wird, wenn alle seine Körperteile unbehelligt bleiben, wird eine Verfügung über das eine oder andere seiner Organe natürlich nicht zulassen. Dass ein solcher Glaube mit einem rationalen, wissenschaftlichen Weltbild nicht verträglich ist, steht auf einem anderen Blatt. Aber schließlich können wir niemandem vorschreiben, was er glauben soll. Möglicherweise ließe sich ein gläubiger Mensch im Sterben davon überzeugen, dass er nach seinem Tod gerade dann ins Paradies finden wird, wenn er zuvor mit dem einen oder anderen seiner Organe ein fremdes Menschenleben rettet. Aber das sind Spekulationen, auf die ich mich hier nicht einlassen will. Hingegen muss berücksichtigt werden, dass wohl viele Menschen – selbst wenn sie nicht sonderlich stark religiös motiviert sind – die Erhaltung der Integrität ihrer Gestalt wünschen und sich selbst nach dem Tod nicht zerschneiden lassen wollen. Dieser Wunsch entspringt einem Trugbild (weil schließlich jeder Körper nach dem Tod «zerfällt»), ist aber dennoch von einiger Bedeutung.

Wie Statistiken aus Deutschland, Großbritannien und anderen Ländern zeigen, ist der Bedarf an Spenderorganen jedenfalls weit größer als deren Verfügbarkeit. Etwa ein Drittel aller Patienten, die auf der Warteliste für ein Herz stehen, sterben, bevor für sie ein geeignetes Organ gefunden wird (Dahl 2000). Während sich zumal in unserem Kulturkreis ein breiter Konsens darüber gebildet hat, dass Organtransplantationen moralisch wünschenswert sind, scheitert ihr Erfolg also häufig daran, dass sie bei vielen Patienten in Ermangelung verfügbarer Organe erst gar nicht durchgeführt werden können. Aber die Transplantationsmedizin wirft nach wie vor auch andere schwerwiegende ethische Probleme auf. Eines davon wird beispielsweise von Knoepffler (2000) angeführt. Wie steht es damit, wenn ein gesunder Mensch freiwillig bereit ist, sein Leben zu opfern, um durch seine Organe anderen zu helfen? Zwar ist diese extreme Form des Altruismus (vgl. S. 18) sehr selten zu erwarten, aber nicht unrealistisch ist etwa die Annahme, dass ein Vater seiner Tochter die Leber spenden will, weil deren Leber irreversibel geschädigt ist. Dieses moralische Dilemma ist schwer zu lösen. Denn das Verlangen des Vaters ist nichts anderes als das Verlangen seiner Tötung zugunsten des Lebens seiner Tochter. Hier führt die Frage direkt zu einem anderen bioethischen Problem, dem der Euthanasie (vgl. Abschnitt 4.8).

Unter bioethischem Gesichtspunkt ist die Organtransplantation daher einerseits mit Interessen der Organspender, andererseits mit Interessen der Organempfänger verbunden (vgl. Ach 2003). Niemand kann dazu gezwungen werden, einem anderen Menschen ein Organ zu spenden, umgekehrt hat jeder Mensch das Recht, die «Spende» anzunehmen – oder abzulehnen. Nun gibt es aber Fälle, in denen der mögliche Spender nicht selbst entscheiden kann, ob er eines oder mehrere seiner Organe zur Verfügung stellen soll. Zu denken ist dabei an mit Anenzephalie Neugeborene (vgl. S. 184), die zu einem frühen Tod verurteilt sind, kein Wahrnehmungs- und Reaktionsvermögen aufweisen, deren Herz, Nieren und so weiter aber durchaus intakt sind. Auf der anderen Seite kommen manche Kinder mit schweren Herzfehlern oder Nierenfehlbildungen zur Welt, haben ebenfalls eine geringe Lebenserwartung, würden sich aber zu wahrnehmenden, kognitiv völlig gesunden menschlichen Wesen entwickeln, wenn ihr Herz- oder Nierendefekt behoben werden könnte. Die Organe von anenzephalen Kindern könnten ihnen helfen. Moralisch ist es vertretbar, sie zu entnehmen, um damit anderen Kindern ein Weiterleben zu ermöglichen. Mit den Worten eines Arztes: «Wir machen uns schuldig – in meinen Augen weniger, wenn wir ein Kind sterben lassen, dem wir ohnehin nicht helfen können, als dann, wenn ein Kind stirbt, dem wir helfen könnten» (Spittler 1995, S. 325). Auf der Basis ethischer Erwägungen ist diesen Worten beizupflichten. Auch hieraus ergibt sich ein Argument für die Euthanasie (vgl. Abschnitt 4.8). Natürlich müssen die betroffenen Eltern ihre Zustimmung geben. Sie werden das um so leichter tun, je schwächer ihre Bindung an ihr Kind ist, das heißt in einem frühen Stadium seiner Entwicklung. Die Erfahrung zeigt, dass Eltern – jedenfalls im «Normalfall» – zu ihren einmal geborenen und sich entwickelnden Kindern eine immer stärkere Beziehung entwickeln. Ein zweijähriges Kind wird von seinen Eltern nicht mehr so einfach der Euthanasie überantwortet wie ein Neugeborenes. Das entspricht durchaus evolutions- und soziobiologischen Erwartungen: Je älter ein behindertes Kind wird, desto mehr verstärkt sich bei seinen Eltern der Eindruck einer erfolgreichen Fortpflanzung, wobei flankierend die psychologischen Mechanismen der Bindung wirksam werden. Mag sein, dass der Schein sie trügt, aber die in unserer Stammesgeschichte tief verwurzelten Verhaltensantriebe sind so stark, dass sie auch die eine oder andere Illusion zulassen.

Ein besonderer und auch ethisch bedeutender Aspekt der Transplantationsmedizin ist heute die *Xenotransplantation* (zur Übersicht siehe Dahl 2000). Darunter versteht man die Verpflanzung von tierischen Organen zu Menschen oder, allgemeiner, die Verpflanzung von Zellen, Geweben und Organen über Artgrenzen hinweg. Dr. Frankenstein lässt grüßen, so mögen dabei viele denken, und aus unterschiedlichen – psychologischen und kulturhistorischen – Gründen mutet für die meisten von uns die Vorstellung, in der Brust eines Menschen könne das Herz eines Pavians schlagen, einigermaßen makaber an. Die Möglichkeit der Xenotransplantation berührt das Problem der *Identität* eines Menschen noch stärker als die einer «gewöhnlichen» Transplantation, also einer Organverpflanzung von Mensch zu Mensch, mögen auch die geäußerten Bedenken einer Identitätsveränderung historisch bedingte, irrationale Hirngespinste sein (Schicktanz 2001).

Zu Beginn der 1990er Jahre wurde einem 35 Jahre alten Mann am Presbyterian Medical Center in Pittsburgh zwar nicht das Herz, aber die Leber eines Pavians eingepflanzt. Der Mann starb allerdings genau 70 Tage nach dieser als «historisch» zu bezeichnenden Aktion. Knapp zehn Jahre zuvor war einem zwei Wochen alten Säugling mit einem schweren, angeborenen Herzfehler das Herz eines Pavians eingepflanzt worden; das Kind lebte damit nur drei Wochen, es stieß das Pavianherz nach dieser kurzen Zeit wieder ab. Das biologische beziehungsweise medizinische Grundproblem der Xenotransplantation besteht darin, dass sich nur sehr wenige (Säuge-)Tiere als Organspender für den Menschen eignen. Die Menschenaffen (Schimpanse, Zwergschimpanse oder Bonobo, Gorilla und Orang-Utan) sind mit dem Menschen am engsten verwandt und kämen daher unter immunologischem Gesichtspunkt am ehesten als Spendertiere in Betracht. Da sie aber in nur noch relativ geringer Zahl vorkommen und vom Aussterben bedroht sind (womit ihr Schutz wiederum aus tierethischen Gründen dringend angezeigt ist), sind sie ungeeignete «Kandidaten», den vielen Menschen, die auf ein Organ warten, zu helfen. Bessere Kandidaten wären vielleicht Schweine, die zwar mit dem Menschen nicht so eng verwandt, ihm in anatomischer und physiologischer Hinsicht aber bemerkenswert ähnlich sind und obendrein leicht gezüchtet werden können. Das Problem besteht allerdings darin, dass das menschliche Immunsystem Schweineorgane nicht ohne weiteres toleriert. Hinsichtlich der meisten biochemischen und immunologischen Eigenschaften besteht zwischen Menschen und Schweinen eine Ähnlichkeit von nur bis zu 60 Prozent (Hammer 2000).

Aber neben diesen biologisch-medizinischen Problemen, die im vorliegenden Zusammenhang nicht weiter diskutiert werden sollen, wirft die Xenotransplantation auch elementare bioethische Fragen auf. Schon in den frühen 1990er Jahren riefen Verpflanzungen tierischer Organe zu Menschen Tierschützer auf den Plan und lösten Proteste aus. Tiere seien keine «Ersatzteillager» für Menschen – so lässt sich die Argumentation zusammenfassen. In Anbetracht der Tatsache, dass wir Tiere ja auch essen und für andere Zwecke verwenden (als Zugtiere, Lastenträger und so weiter), mögen solche Proteste lächerlich erscheinen. Wie im nächsten Kapitel zu diskutieren bleibt, ist die Tierethik mittlerweile etwas weiter gediehen.

Um beim Problem der Xenotransplantation zu bleiben: Man könnte sich dagegen aussprechen, weil ein Tier nicht von sich aus die Bereitschaft entwickeln kann, ein Organ zu spenden und auf diese Weise sein Leben für einen Menschen zu opfern. Aus denselben Gründen könnte man aber auch dafür argumentieren, denn ein Schwein etwa kann prinzipiell nicht «autonom» und «selbstbestimmt» über sein Leben entscheiden. Dagegen wiederum ließe sich einwenden, dass auch manche – geistig schwer behinderte – *Menschen* eine solche Entscheidungsmöglichkeit nicht haben, es aber einem

Verbrechen gleich käme, beliebig über ihre Organe zu verfügen, sie zu instrumentalisieren. Die Frage im Klartext: Sind Schweine gleich viel wert wie geistig schwer behinderte Menschen oder diese gleich wenig wie Schweine?

Hierüber nachzudenken sind all jene aufgefordert, die nichtmenschliche Lebewesen in moralischer Hinsicht dem Menschen gleichsetzen. Im Zweifelsfall sollte das Leben eines Menschen vor dem eines nichtmenschlichen Lebewesens Priorität genießen. Aber das Problem bleibt nicht im Theoretischen verhaftet. Der Mangel an Spenderorganen begünstigt auch kriminelle Aktivitäten wie den illegalen Handel mit (menschlichen) Organen oder gar den «Organraub». Es bedarf keiner näheren Begründung, um einen «Transplantationstourismus», eine Kommerzialisierung, das heißt den Verkauf von Spenderorganen, und die Bevorzugung finanzkräftiger Empfänger abzulehnen (vgl. Irrgang 2005). Allein aus medizinischen Gründen sollte die Herkunft eines Spenderorgans immer transparent sein. Ließe sich, als Alternative zu kriminellen Auswüchsen, die Verfügbarkeit von genügend tierischen Organen gewährleisten – was wäre in diesem Fall unter moralischem Gesichtspunkt eher zu vertreten? Das ist eine rhetorische Frage, denn die Antwort liegt auf der Hand. Im einzelnen Fall muss der Patient selbst darüber entscheiden dürfen, ob er zum Beispiel mit einem Schweineherzen weiterleben will. Falls er der Überzeugung ist, dass er mit dem Organ eines Paarhufers in der Brust seiner Identität verlustig geht und dies der Vernichtung seiner personalen Existenz gleichkommt, muss ihm das Recht zugesprochen werden, die Xenotransplantation zu verweigern. (Dieses Recht hat ein Patient natürlich auch dann, wenn es sich um ein menschliches Spenderorgan handelt.) Mit anderen Worten: «Es steht jedem frei, auf die Organe von Tieren zu verzichten, doch niemand hat das Recht, anderen eine potentiell lebensrettende Therapie zu verweigern» (Dahl 2000, S. 138).

Kleine Chronik der Organverpflanzungen

1902 Erste vorübergehend erfolgreiche Nierentransplantation bei einem Hund (in Wien)

1905 Erste erfolgreiche Hornhautverpflanzung bei einem Menschen (in Mähren) (erste Organverpflanzung bei einem Menschen überhaupt)

1933 Missglückte Verpflanzung der Niere eines toten auf einen lebenden Menschen (in Kiew)

1952 Gescheiterter Versuch der Transplantation einer Niere von einer Mutter auf ihr Kind

1954 Erste erfolgreiche Nierentransplantation bei eineiigen Zwillingen (in Boston)

1963 Erste erfolgreiche Lungentransplantation (in Mississippi)
Erste Gehirnverpflanzung bei Hunden (in den USA). Die Gehirne konnten im jeweils fremden Organismus zwar am Leben erhalten werden, waren aber von allen Nervenverbindungen abgeschnitten und nicht in das Lebewesen integriert.

1967 Erste erfolgreiche Herztransplantation (in Kapstadt)
Erste erfolgreiche Lebertransplantation (in Pittsburgh)

1967 Erste Herz- und Lebertransplantation in Deutschland

1987 Erste erfolgreiche Dünndarmtransplantation in Deutschland

1992 Erste vorübergehend erfolgreiche Transplantation einer Pavianleber auf einen Menschen (in Pittsburgh)

1998 Erste erfolgreiche Handtransplantation (in Frankreich)

2004 In Deutschland werden insgesamt 4187 Organverpflanzungen durchgeführt.

2005 Erste erfolgreiche Gesichtstransplantation (in Frankreich)

4.6 LEBENSVERLÄNGERUNG, LEIDENSVERLÄNGERUNG

Aus der Feder des königlichen Leibarztes Christoph W. Hufeland (1762–1836) stammen folgende Worte:

> Wenn ein Kranker von unheilbaren Uebeln gepeinigt wird, wenn er sich selbst den Tod wünscht ..., wie leicht kann da, selbst in der Seele der Besten, der Gedanke aufsteigen: Sollte es nicht erlaubt, ja sogar Pflicht sein, jenen Elenden etwas früher von seiner Bürde zu befreien ...? So viel Scheinbares ein solches Raisonnement für sich hat ..., so ist es doch falsch, und eine darauf gegründete Handlungsweise würde im höchsten Grade unrecht und strafbar sein. Sie hebt geradezu das Wesen des Arztes auf. Er soll und darf nichts anderes tun als Leben zu erhalten; ob es ein Glück oder Unglück sei, ob es Werth habe oder nicht, dies geht ihn nichts an, und masst er sich einmal an, diese Rücksicht mit in sein Geschäft zu nehmen, so sind die Folgen unabsehbar ... (zit. in Bauer 2006, S. 130 f.).

Hier wird nichts anderes in eindrucksvolle Worte gekleidet, als der *Eid des Hippokrates*,[6] der dem Arzt seit der Antike die Pflicht auferlegt, Menschenleben – ohne Ansehen der Person – zu erhalten und Leiden zu mildern. In diesem Eid ist auch die Ablehnung der aktiven Sterbehilfe (selbst wenn der Kranke sie wünscht) beschlossen.

Außerdem wird festgelegt, dass der Arzt sein Wissen und seine Kunst keinen politischen Interessen unterordnen darf. Da im Nationalsozialismus viele Ärzte gerade gegen diese Forderung verstoßen und ihre «Kunst» in den Dienst einer verbrecherischen Ideologie gestellt haben, sind Fragen der *Medizinethik* nach wie vor historisch belastet. Aber sie sind aktuell wie nie zuvor.

Die bahnbrechenden Resultate in der Medizin der letzten Jahrzehnte – ihre atemberaubend schnell sich entwickelnden diagnostischen und therapeutischen Möglichkeiten – wecken neuerdings nie geahnte persönliche und gesellschaftliche Erwartungen in eine Disziplin, die, ihres rigorosen moralischen Anspruchs zum Trotz, nicht gefeit ist vor Irrtümern und Fehlern. Während es sich auf theoretischer Ebene leicht sagt, Ärzte ihrer Fehler wegen zu bestrafen, helfe wenig, stattdessen müsse man sich bemühen, die Heilkunst insgesamt zu verbessern (McIntyre und Popper 1983), sieht dies in der Praxis freilich meist ganz anders aus. Dem Arzt werden heute immer kompliziertere Aufgaben zugedacht – von der vollkommenen diagnostischen Durchleuchtung eines Menschen schon vor der Geburt über die Reparatur und den Austausch von Organen und ganzen Organgruppen bis zur künstlichen Verlängerung des erlöschenden Lebens (Schipperges 1985) –, und «Kunstfehler» werden von Patienten oder deren Angehörigen und von der Öffentlichkeit streng geahndet. Die Vereinigten Staaten von Amerika spielen dabei eine Vorreiterrolle (vgl. Rubsamen 1976). *Sicherheit* wird (vor allem in der Chirurgie) allerorten eingemahnt (vgl. Troidl 2005). Rechtsanwälte treten sehr schnell auf den Plan (vor allem, wenn sie fette Honorare wittern), der Staatsanwalt ist meistens auch sofort zur Stelle und die Krankenhausverwaltung ermahnt den Arzt, mit den finanziellen Ressourcen ihrer Anstalt sparsam umzugehen. Schließlich stellen ihm auch noch die Krankenkassen eine Rute ins Fenster. Zugleich freilich soll der Arzt moralisch korrekt handeln (dem Eid des Hippokrates Genüge tun), und da ergibt sich dann in Anbetracht der heutigen Situation – stetig steigende Erwartungen der Patienten, wachsame, sensationsgierige Medien, juristische Kontrolle, ein aufgeblähter medizinischer Verwaltungsapparat – die Frage, wie viel Ethik die Medizin überhaupt noch verträgt (Wuketits 2004). Grundsätzlich sollten Moral und

Rechtsprechung «dem Arzt keine Bürden aufladen, die er nicht tragen kann, ihm aber andererseits genügend Freiheit lassen, in seinem personalen Verhältnis zum Kranken, das die Gesellschaft nichts angeht, seine Entscheidungen zu treffen» (Koslowski 1983, S. 82). Wird dieses Postulat zugunsten juristischer und ökonomischer Interessen aufgegeben, dann steht es schlecht um das ärztliche Handeln in seinem eigentlichen und ursprünglichen Sinn. (Allerdings sieht es derzeit ganz danach aus.)

Die Ziele ärztlichen Handelns lassen sich im Allgemeinen beschreiben mit Vorbeugen und Verhüten von Krankheiten, Retten, Heilen, Erhalten und Leidensmilderung (Anschütz 1987) (siehe «Ziele ärztlichen Handelns» auf S. 90 f.). Die Worte eines erfahrenen Chirurgen sollten aber auch vor übertriebenen Hoffnungen warnen: «Wissen, Können ist gut, Helfen oder gar Heilen ist unsere Verpflichtung, unser Ethos! Auf die Wirkung kommt es an: Manchmal heilen, häufig lindern, immer trösten!» (Troidl 2003, S. 3).

Die absolute moralische Forderung, menschliches Leben auf jeden Fall zu erhalten, trifft mittlerweile jedenfalls auf einige ernsthafte Bedenken. Denn es ist nicht von der Hand zu weisen, dass die moderne *Intensivmedizin* mit der Möglichkeit, das Leben eines schwer (irreversibel) geschädigten Patienten zu verlängern, auch dessen Leiden zeitlich ausdehnt. Ein achtzigjähriger Patient, der nach einem Schlaganfall ans Bett gefesselt ist und rund um die Uhr einer Betreuung bedarf, wird zwar am Leben erhalten, aber er *führt* nicht mehr das ihm gewohnte Leben. Worauf es allerdings ankommt ist, ob der Patient noch die Fähigkeit besitzt, auf seine Zukunft bezogene Wünsche zu haben, deren Verwirklichung sein Weiterleben erfordert (vgl. Hoerster 2006). Im einzelnen ist es für den Außenstehenden natürlich schwer – oder gar unmöglich – die Lebens- beziehungsweise Überlebensinteressen eines schwer kranken, alten Menschen festzustellen. Das ist immer im Auge zu behalten, die Definition solcher Interessen stellt sich für einen vierzig- oder fünfzigjährigen gesunden Menschen sicher anders dar. Doch selbst ein Achtzigjähriger, der in der Lage ist, sein Leben und seine Lebensmöglichkeiten kritisch zu reflektieren, kann zu völlig anderen Ergebnissen kommen als andere seiner Altersgenossen. Dazu ein Beispiel. Ein Wiener Anatomieprofessor, der neben seinem Lehramt und sonstigen akademischen Verpflichtungen auch noch leidenschaftlicher Jäger war, zwei Scheidungen hinter sich hatte, ein drittes Mal heiratete und insgesamt auf die Höhen und Tiefen seines Lebens immer angemessen zu reagieren wusste, setzte im vorgerückten Alter von knapp fünfundachtzig Jahren mit einer Schusswaffe seinem Leben freiwillig ein Ende. Ein Hüftleiden hatte begonnen, ihn in seiner Fortbewegung zu behindern, und als Anatom wusste er sehr gut, dass es sich dabei um eine in seinem Alter irreversible Behinderung handelte. Ihm war die Vorstellung, nicht so weiterleben zu können, wie er es gewohnt war, unerträglich – und er zog seine persönlichen Konsequenzen. Ein anderer in seinem Alter mag sich dem Schicksal ergeben und akzeptieren, dass es nicht mehr so ist wie früher – und das Leben in den nunmehr bescheidenen Bahnen dennoch genießen. Aus der Beobachterperspektive sind dazu keine allgemeingültigen Vorschläge möglich. Aber immerhin sah sich der Anatom noch in der Lage, sein Leben selbst zu beenden – und er nahm diese Möglichkeit wahr, wobei seinem näheren sozialen Umfeld eine Reflexion über Sterbehilfe erspart blieb.

Evolutionsgeschichtlich waren wir auf jenes Lebensalter, das heute vielen von uns – zumal in den westlichen Industriegesellschaften – gegönnt ist, nicht vorbereitet. Nicht zuletzt aufgrund der enormen Fortschritte der Medizin ist unsere durchschnittliche Lebenserwartung in den letzten Jahrzehnten deutlich gestiegen. Gestiegen ist damit aber auch die

Anfälligkeit für Krankheiten, die Menschen, welche früh sterben, natürlich erst gar nicht befallen können. Pointiert gesagt: «Der Preis dafür, daß man nicht mit zehn oder dreißig Jahren einem Löwen zum Opfer fällt, ist unter Umständen ein Herzinfarkt mit achtzig» (Nesse und Williams 1997, S. 169). Während aber dem steinzeitlichen Jäger, der im jugendlichen Alter von einem Löwen aufgefressen wurde, nicht zu helfen war, kann heute das Leben eines achtzigjährigen Patienten, der einen Schlaganfall erleidet, durchaus gerettet werden. Aber womöglich bleibt er dann eben für den Rest seines Lebens an den Rollstuhl gefesselt, auf die Pflege durch andere angewiesen und unfähig, mit seiner Umgebung zu kommunizieren.

Die Frage, unter welchen Umständen das Leben eines schwer erkrankten Patienten oder Unfallopfers verlängert werden soll, ist nicht allgemein zu entscheiden. Nehmen wir folgendes Beispiel (vgl. Koslowski 1983). Bei einem Starkstromunfall verlor ein 38jähriger Elektriker buchstäblich sein Gesicht. Die Augen waren verkocht, Wangen, die gesamte Nase, die Kiefer und ein Großteil der Zunge zerstört. Da der Mann von einem Hochspannungsmast gefallen war, war er nicht bei Bewusstsein. Zumal eine dauernde Blindheit und Sprechunfähigkeit prognostiziert werden musste und zu erwarten war, dass er nur noch künstlich (durch eine Magenfistel) ernährt werden konnte, waren die Ärzte versucht, die Therapie einzustellen. Allerdings versicherten die Kieferchirurgen, das Gesicht des Mannes einigermaßen wiederherstellen zu können. Die Therapie wurde also fortgesetzt, der Patient kam wieder zu Bewusstsein, konnte sich einigermaßen sprachlich verständlich machen und wollte trotz seiner schweren Schäden weiterleben. Sein Alter war dabei allerdings nicht unerheblich. Bei einem achtzigjährigen Unfallopfer mit vergleichbaren Verletzungen muss man wohl von einer anderen Befindlichkeit ausgehen, die die behandelnden Ärzte schneller dazu veranlassen kann, die Therapie zu beenden oder erst gar nicht mit ihr zu beginnen.

Daher kommen auch vorsichtig argumentierende Mediziner und Medizinethiker zu der Auffassung, dass ärztliches Handeln in Anbetracht von Endzuständen – irreversiblen Erkrankungen im vorgerückten Alter – nicht mehr von der «Ehrfurcht vor dem leiblichen Leben», sondern von der «Ehrfurcht vor einem sinnvollen, akzeptablen Leben» geleitet werden sollte (Anschütz 1987). Wann ein Leben noch «sinnvoll» und «akzeptabel» ist, lässt sich allerdings in vielen Fällen objektiv nur schwer oder gar nicht entscheiden. Für den erwähnten Wiener Anatomen war ein Leben ohne seine gewohnte Bewegungsfähigkeit, mit der Aussicht auf den Rollstuhl, sinnlos und inakzeptabel geworden. Aber er hatte, im Gegensatz vor allem zu Menschen, die bereits im Koma liegen, die Möglichkeit, über den Sinn beziehungsweise die Sinnlosigkeit seines Lebens selbst zu entscheiden. Es ist zuzugeben, dass Koma-Patienten ein besonderes bioethisches Problem darstellen und vor allem die behandelnden Ärzte oft in ein großes Dilemma stürzen. Wenn die organischen Schäden, welche einen komatösen Zustand verursachen, nicht eindeutig als irreversibel erkennbar sind, besteht die Möglichkeit, dass der Patient wieder aufwacht und sein Leben weiterführen kann. Wie hoch diese Wahrscheinlichkeit ist, kann nicht generell, sondern nur von Fall zu Fall beurteilt werden. Wenn aber, nach menschlichem und medizinischem Ermessen, das Erwachen eines Patienten nicht mehr zu erwarten ist, dann erscheint es nicht angezeigt, diesen weiterhin künstlich am Leben zu erhalten. Ähnliches gilt für stark geschädigte Neugeborene.

Singer (1984) tritt für eine Euthanasie schwer behinderter, missgebildeter Säuglinge ein und gibt als Beispiel dafür eine Fehlentwicklung des Rückgrats an, bei der das Kind von der Hüfte an abwärts dauernd gelähmt bleibt, keine Kontrolle über Darm und Blase entwickelt und obendrein schwere Gehirnschädigungen aufweist. Er schreibt:

> Wenn das Leben eines Kindes so elend sein wird, daß es nicht lebenswert ist, dann folgt ..., daß es, sofern es keine «äußeren» Gründe gibt, das Kind am Leben zu erhalten – wie etwa die Gefühle der Eltern – besser ist, es zu töten. Ein schwierigeres Problem ergibt sich ..., wenn wir Schädigungen betrachten, die die Lebensaussichten des Kindes bedeutend weniger glücklich erscheinen lassen als die eines normalen Kindes, aber nicht so unglücklich, daß sie das Leben nicht lebenswert machen würden (Singer 1984, S. 182).

Ein von Singer angeführtes Beispiel ist Hämophilie (Bluterkrankheit). Singers Ansatz wurde wiederholt kritisch diskutiert; es ist hier nicht möglich, die ganze Diskussion zusammenzufassen. Hingewiesen sei nur auf das von Böhler und Matheis (1991) vorgetragene Argument, wonach Maßnahmen der Euthanasie in den Zusammenhang moralischer Situationsnormen und den jeweils geltenden Handlungsbedingungen für die Betroffenen gestellt werden sollten. Das bedeutet wiederum nichts anderes, als dass wir keine allgemein verbindlichen Werte und Normen zur Verfügung haben. Aus religiösen oder anderen Gründen kommt Euthanasie – passiv oder aktiv – für manche Menschen einfach nicht in Frage. Das müssen wir grundsätzlich akzeptieren. Prinzipiell aber gibt es auch keine Gründe, die Euthanasie a priori abzulehnen oder gar zu verteufeln.

Niemand von uns wünscht sich ein langsames, qualvolles Sterben. Viele von uns haben weniger Angst vor dem Tod selbst als vor dem *Sterben*. Singers «Moral des Todes», pointiert gesagt, ist daher ernsthaft zu bedenken:

> Wenn wir fähig sind zuzugeben, daß unser Ziel ein schneller und schmerzloser Tod ist, sollte nicht der Zufall bestimmen dürfen,

ob dieses Ziel erreicht wird oder nicht. Haben wir uns für den Tod entschieden, dann sollten wir sichergehen, daß er auf die bestmögliche Weise eintritt (Singer 1984, S. 209).

Wenn ein Mensch allein nicht mehr fähig ist, seinen «bestmöglichen» Tod herbeizuführen – man erinnere sich, als Gegenbeispiel, nochmals an den Wiener Anatomen –, dann sollte er jedenfalls wünschen dürfen, dass andere ihm dabei helfen. Und die sollten vom Staat oder vom Gesetzgeber nicht daran gehindert werden, einem Menschen seinen allerletzten Wunsch zu erfüllen. Schließlich ist der Tod eine höchst private Angelegenheit und sollte das auch bleiben.

Alle diejenigen, die für eine Lebensverlängerung um jeden Preis eintreten, sollten sich vergegenwärtigen, in welchem Maße damit das Leiden eines Menschen verlängert – ja, in manchen Fällen sogar noch gesteigert werden kann. Jemand, der für einen anderen Menschen nur abgrundtiefen Hass empfindet, würde diesen vielleicht am liebsten töten, aber gern noch eine Weile leiden sehen. Möglicherweise erfreut er sich ausschließlich an seinem Leiden und nicht an seinem Tod. Wünsche oder gar Handlungen dieser Art sind – wenngleich in speziellen Fällen nachvollziehbar – moralisch verwerflich. Warum sollte es umgekehrt moralisch *erwünscht* sein, Menschen möglichst lang leiden zu lassen? Menschen, die ohnehin nur den Tod in Aussicht haben und, sofern sie noch zu einer minimalen Reflexion fähig sind, ihn auch wünschen? Niemand von uns wünscht sich ein langes und qualvolles Sterben. Warum aber scheuen wir davor zurück, anderen Menschen in dieser Situation zu helfen, ihr Leiden zu beenden?

Wir wissen, dass Millionen von Menschen (vor allem Kinder) am Hungertod oder an den Folgen chronischer Unterernährung sterben. Das lässt die meisten von uns zwar nicht wirklich kalt, wir spenden zu Weihnachten oder bei ähnlichen Anlässen ein paar Dollar oder Euro – ohne freilich sicher sein zu können, dass unsere Spende die tatsächlich Bedürftigen auch erreicht. Der politische und ökonomische Filz ist undurchschaubar, aber wir wollen helfen, und sei es auch nur, um unser Gewissen zu entlasten (immerhin). Wie man sieht, hat das Problem einen weiten Radius. Singer (1984, S. 204 f.) schreibt folgendes dazu:

> Man nehme die Regel «Töte nicht». Wenn diese Regel, wie in der jüdisch-christlichen Tradition, lediglich als Verbot interpretiert wird, unschuldiges menschliches Leben zu töten, dann ist es nicht allzu schwierig, offene Handlungen zu vermeiden, die es verletzen. Wenige unter uns sind Mörder. Es ist aber weniger leicht zu vermeiden, unschuldige Menschen sterben zu lassen. Viele Menschen sterben aus Nahrungsmangel oder wegen unzureichender medizinischer Einrichtungen. Wenn wir einigen von ihnen helfen könnten, es aber nicht tun, so lassen wir sie sterben.

Wir lassen also viele Menschen sterben, die gern am Leben bleiben würden, wollen aber diejenigen, die am liebsten sterben würden, am Leben erhalten. Unsere Moral entpuppt sich als eine Doppelmoral, wir dürfen uns nicht in (moralischer) Sicherheit wiegen, wenn wir einen sterbenskranken Menschen so lang wie möglich am Leben erhalten. Vielmehr sollten wir uns fragen, wie viele Menschenleben wir – indirekt – auslöschen, indem wir ihnen nicht helfen: Menschenleben zumal, die, wenn wir helfen würden, noch manche Chancen wahrnehmen könnten und auch für andere Menschen bedeutsam wären, während sterbenskranke Patienten, die nichts mehr von ihrem Leben erwarten und niemandem mehr Freude bereiten können, künstlich am Leben erhalten werden. Ethisch gesehen kann sich nicht nur eine Handlung, sondern auch das *Unterlassen einer Handlung* als falsch und verwerflich herausstellen. Manche alte Menschen «leben» zwar noch fünf oder zehn Monate lang, nachdem sie von Ärzten aufgegeben wurden, die eben keinen medizinischen Grund mehr sehen, sie zu behandeln und künstlich am Leben zu erhalten, aber dennoch dem Prinzip der «Heiligkeit des Lebens» Folge leisten (oder Angst vor dem Staatsanwalt haben) und die Patienten weiterhin betreuen. Warum wollen wir ihr Leben unbedingt erhalten, während überall um uns herum «blühendes», aber bedrohtes Leben um seine Erhaltung bettelt?

Denjenigen, die hinter solchen Überlegungen sofort nationalsozialistisches Gedankengut wittern und gleich auf die Barrikaden steigen, sind ja schwer kranke, alte Menschen meist nicht anvertraut, so dass ihre Entrüstung im Theoretischen verhaftet bleibt. Andererseits sollte man versuchen sich zu vergegenwärtigen, wie es etwa einer Krankenpflegerin zumute ist, die täglich (über Wochen und Monate) einen Patienten zu betreuen hat, für den es längst keine Hoffnung mehr gibt, der kein, wie auch immer geartetes, Zeichen der Kontaktfähigkeit erkennen lässt und keine Kontrolle über die seinen Stoffwechsel bestimmenden Organe hat. Welchen «guten Dienst» leistet sie dabei noch? Welche «Belohnung» darf *sie* erwarten? Tötungen von Patienten in Krankenhäusern, die gelegentlich von den Massenmedien aufgegriffen und regelrecht ausgeschlachtet werden, dürfen nicht das wahre Problem verschleiern und die öffentliche Stimmung in die falsche Richtung lenken.

Ziele ärztlichen Handelns nach dem Leitbild des Hippokratischen Eides (nach Schipperges 1983)

- Der Zweck jedes ärztlichen Handelns ist der *Heilerfolg* – die Ermöglichung eines Lebens mit Sinn und sinnvoller Daseinsgestaltung (in weitester Wortbedeutung).
- Ärztliches Handeln dient ausschließlich dem *Leben.*

- Ein Arzt ist jemand, der sein Leben der *Heilkunst* widmet.
- Der Arzt leistet am Kranken einen *personalen Dienst* und lässt dem Kranken seine personale Freiheit.
- Der Arzt entspricht dem Bedürfnis, der Bedürftigkeit des Kranken, durch *sachgerechtes Handeln.*

4.7
WANN IST EIN MENSCH TOT?

«Der Tod kann ... nur verstanden werden, insofern die Grenzen der wissenschaftlichen Bestimmbarkeit des Lebens erhellt werden» (Götschl 1987, S. 637). Aber was ist *Leben*? «Wann sagt man von einem Stück Materie, es lebe? Wenn es fortwährend ‹etwas tut›, sich bewegt, mit der Umwelt Stoffliches austauscht» (Schrödinger 1951, S. 98). Ein Mensch *lebt*, solang er atmet, solang sein Herz schlägt und solang er irgendwelche Wünsche – sei es auch durch bloße Gesten, etwa eine schwache Handbewegung – äußern, mit seinen Mitmenschen kommunizieren kann. Das ungefähr zeichnet, nach unserem «gesunden Hausverstand», einen lebenden Menschen gegenüber einem toten aus. Auch ein schlafender Mensch lässt eindeutig Zeichen seiner «Lebendigkeit» erkennen. Der Tote aber äußert sich nicht mehr, seine Organe sind abgestorben, er muss nur noch beerdigt oder verbrannt werden (wie es die jeweilige Tradition vorschreibt), und er ist bei seiner Trauerfeier der einzige, der ungerührt bleibt.

Die technischen Möglichkeiten der Lebensverlängerung – ob sie nun im Einzelnen einer kritischen moralischen Prüfung standhalten oder nicht – haben in neuerer Zeit wiederholt die Frage aufgeworfen, wann denn ein Mensch im eigentlichen Sinn als *tot* zu gelten habe. Diese Frage ist allerdings nicht neu. Seit alters sind Ärzten scheintote Patienten ebenso bekannt wie Menschen, die gleichsam nach und nach ihr Leben verlieren, bei denen also ein Organ nach dem anderen ausfällt. Der Übergang vom Leben zum Tod ist also fließend, beim natürlichen Tod sterben nicht alle Organe gleichzeitig; aber auch ein Unfalltod bedeutet nicht unbedingt den plötzlichen Ausfall sämtlicher lebenswichtiger Organe. Die Frage, wann ein Mensch (streng genommen) gestorben ist, war lange Zeit von philosophischen Überlegungen und Spekulationen darüber begleitet, welches Organ der Sitz seiner Seele und damit das Zentrum des Lebens sei. Während Aristoteles (384–322 v. Chr.) dieses Zentrum im Herzen sah und damit eine bedeutende medizinphilosophische Tradition begründete, hatte schon der griechische Arzt und Naturphilosoph Alkmaion von Kroton (ca. 570–500 v. Chr.) dem Gehirn diese Rolle zugedacht. Mit ihm beginnt die Geschichte der Hirnforschung, die uns inzwischen zur Einsicht zwingt, dass die geistige Entwicklung jedes Menschen von seiner frühesten Kindheit bis ins hohe Alter von den Funktionen seines Gehirns abhängig ist (vgl. Oeser 2002).

Folgerichtig wird der Tod eines Menschen heute auch meist mit dem *Hirntod* festgelegt. Der Ausdruck ist nicht neu, er wurde bereits von dem bedeutenden französischen Anatomen, Physiologen und Chirurgen François Xavier Bichat (1771–1802) geprägt (vgl. Angstwurm 2003). Wir dürfen davon ausgehen, dass das Gehirn eines Menschen seine Person und seine Persönlichkeit definiert, dass sich alle entscheidenden, einen Menschen kennzeichnenden Vorgänge im Gehirn abspielen. Sein Selbstbewusstsein, seine Wünsche, Hoffnungen, Befürchtungen, Ängste, Träume und Freuden gehen von jenem Organ aus, das schließlich unsere Gattung in der Evolution zu dem machte, was sie heute ist: Ein Wesen mit der Fähigkeit, über sich selbst kritisch zu reflektieren, zu sich selbst sozusagen in Distanz treten zu können – und in dem Bewusstsein leben zu müssen, sterblich zu sein. «Die Führungsrolle des Gehirns ist allein in der funktionalgestuften Organisation der lebenstragenden Strukturen verankert und ist keine kurzschlüssige Zuschreibung aus menschlicher Perspektive» (Seitelberger 1995). Mit anderen Worten: Der Hirntod ist ein durchaus zuverlässiges Todeskriterium. Die moderne Medizin kann ihn unter Verwendung entsprechender diagnostischer Methoden feststellen (siehe z. B. auch Spittler 1995).

Die in der älteren Literatur gelegentlich anzutreffende Unterscheidung zwischen dem «subjektiven» und «objektiven» Tod mag nach wie vor eine gewisse Berechtigung haben: «Subjektiv stirbt der Mensch in jenem Augenblick, in dem er für immer das Bewusstsein verliert ... Objektiv ... in jener Minute, in der die Lebensmaschinerie seiner inneren Organe ... zu unwiderruflichem Stillstand kommt» (Kahn 1931, S. 243). Aber auch diese Unterscheidung lässt letztlich keinen Zweifel daran, dass mit dem Erlöschen des Bewusstseins – mit dem Hirntod – das Leben eines Menschen als Subjekt und Person beendet sei. Der Eintritt des Todes erfasst zwar sicher nicht alle Organe eines Menschen gleichzeitig und in gleichem Maße, aber der Hirntod darf als sicheres Todeszeichen des Menschen gelten (Oduncu 2000). Daraus ergibt sich die moralphilosophisch bedeutende Konsequenz, dass ein hirntoter Mensch nicht mehr medizinisch betreut und am «Leben» erhalten werden muss, indem man für einige Zeit die Funktion seiner inneren Organe durch künstliche Mittel aufrechterhält. Das Subjekt ist mit dem irreversiblen Absterben seines Gehirns für immer erloschen. Ohne ein «lebendiges» Gehirn sind Bewusstseinsleistungen nicht mehr möglich. Zwar ist kein Mensch «bloß Gehirn», doch was auch immer ihn als Person auszeichnet, ist vollständig von seinem Gehirn abhängig (Young 1987). Das Gehirn ist für unser Leben unerlässlich und unersetzlich, wir erleben uns und unsere Umgebung nur über unser Gehirn. Wer freilich immer noch von der Gehirn-Geist-Dualität überzeugt ist und mithin glaubt, dass der Mensch über einen vom Gehirn unabhängigen Geist oder eine eigenständig existierende Seele verfügt, wird hierüber anders denken. Doch nach allem, was wir heute aus der Hirnforschung und anderen biologischen Disziplinen wissen, ist eine derartige Position längst nicht mehr haltbar. Pointiert gesagt: Nur ein «Hirnwesen» kann zugleich «Geistwesen» sein. Der alte Ausspruch, dass ein gesunder Geist in einem gesunden Körper wohnt, hat zwar durchaus etwas für sich, aber leider garantiert ein gesunder Körper keinen gesunden Geist. Menschen im Spätstadium einer *Demenz* sind physisch oft gesund, aber nicht mehr ansprechbar. Ein Kontakt mit ihnen ist ebenso wenig möglich wie ihnen eine Kontaktaufnahme mit anderen gegönnt ist. Sie sind vollständig auf Pflege und Fürsorge angewiesen. Welchen Sinn macht bei ihnen noch das körperliche Überleben? Persönlich würde ich mir ein Fortleben beziehungsweise Dahinvegetieren in völliger Gedankenleere und Kommunikationsunfähigkeit nicht wünschen. Darf ich es anderen wünschen?

Wenn sich viele Menschen nicht so einfach mit der Tatsache abfinden können, dass mit dem Absterben ihres Gehirns ihre Person und ihre personale Identität ein für allemal erloschen sind, so hat das psychologische Gründe, die an dieser Stelle allerdings nicht diskutiert werden können.

4.8
STERBEHILFE – PASSIV UND AKTIV

Das Recht eines Menschen, seinem Leben ein Ende zu setzen, und die drei grundsätzlichen Formen der Sterbehilfe wurden bereits in Abschnitt 4.1 dargelegt. Ergänzend dazu kann man noch die Beihilfe zum Suizid anführen (vgl. Simon 2003). Mit der Sterbehilfe betreten wir einen äußerst sensiblen Bereich der Bioethik. Sie weckt Erinnerungen an die Euthanasie-Programme des Dritten Reiches und ist dadurch, zumindest als Thema, historisch belastet. Abgesehen davon – falls man von diesem «historischen Trauma» überhaupt absehen kann – wirft sie die prinzipielle Frage auf, wer denn das Recht für sich beanspruchen darf, einem anderen Menschen Sterbehilfe zu leisten. Die Rechtssituation ist, wieder einmal, verwirrend und moralisch nicht überzeugend. Hoerster (1998) weist auf Folgendes hin: Jemand, der einen Handel mit Zyankali betreibt und labilen Menschen damit die Selbsttötung ermöglicht, bleibt mehr oder weniger straffrei (oder wird bloß wegen des Verstoßes gegen das Chemikaliengesetz juristisch belangt). Einem Arzt aber, der einen unheilbaren, schwer leidenden Patienten, dem eine Selbsttötung nicht mehr möglich ist, durch eine Spritze von seinem Leiden erlöst, droht wegen «Tötung auf Verlangen» eine Haftstrafe von bis zu fünf Jahren. Diese Asymmetrie muss uns zu denken geben; sie ist aus ethischer Sicht eigentlich unerträglich.

Unter den deutschsprachigen Autoren hat Hoerster (1998) eine der sachlich und argumentativ besten Arbeiten zu diesem heiklen Thema geliefert. Er fordert dringend eine Neubesinnung über die Zulässigkeit der Sterbehilfe und schreibt Folgendes:

> Eine solche Neubesinnung darf auch vor der sogenannten aktiven Sterbehilfe nicht haltmachen. Es ist ganz abwegig, jede Zulassung aktiver Sterbehilfe von vornherein, wie es häufig geschieht, als eine Wiederaufnahme der nationalsozialistischen Euthanasiepraxis hinzustellen. Eine humane Sterbehilfe, die an der Selbstbestimmung und an den Interessen der Betroffenen selbst orientiert ist, hat mit einer «Euthanasie», die der Vernichtung «sozial Minderwertiger und Nutzloser» dient, nichts zu tun (Hoerster 1998, S. 9 f.).

Ähnlich argumentiert auch Singer (1984), der obendrein auf den Kulturenvergleich zurückgreift. Im antiken Griechenland war es durchaus üblich, Säuglinge zu töten oder auszusetzen, und in den traditionellen Gesellschaften der Eskimos (Inuit) war es Sitte, dass ein Mann seine alten Eltern tötete.

Diese Beispiele brauchen uns nicht zur moralischen Norm gereichen, es muss uns aber zu denken geben, dass in beiden Kulturen – weitere Beispiele dazu ließen sich anführen – das Töten gesunder Erwachsener durchaus verpönt war. Kaum jemand, ganz gleich in welcher Kultur, wäre etwa folgendem Argument zugänglich: Das schnelle und schmerzlose Töten eines Menschen, zum Beispiel eines gesunden Dreißigjährigen, ist gerechtfertigt, weil man ihm dadurch möglicherweise eine in späteren Jahren erworbene schmerzvoll verlaufende Krankheit erspart. Ganz anders verhalten sich die Dinge im Falle von bereits sehr schwachen und kranken Menschen, denen nicht nur möglicherweise, sondern mit größter Wahrscheinlichkeit lediglich noch Schmerz und Leid bevorstehen.

Singers Schlussfolgerung in diesem Zusammenhang ist, dass wir, noch mehr als jene Gesellschaften, in der Lage sein sollten, «menschliche Wesen in verschiedene Kategorien einzustufen, ohne ihre Einstellung von einer Gruppe auf die andere zu übertragen» (Singer 1984, S. 214). Was dabei auf den ersten Blick diskriminierend klingt, ist bloß die Feststellung einer Tatsache. Patienten im Dauerkoma, alte Menschen, die vollständig auf die Hilfe anderer Menschen angewiesen sind und über keine Lebensperspektive mehr verfügen, oder unheilbar Kranke mit unerträglichen Schmerzen, die nur noch den Tod herbeisehnen, zählen zur «Kategorie» jener Menschen, die, einfach gesagt, von ihrem Leben nichts mehr haben. Eine Verlängerung ihres Lebens bedeutet nur eine Verlängerung ihres Leidens (siehe Abschnitt 4.6). Manche von Singers Kritikern bestehen darauf, Menschsein und Personsein nicht voneinander zu trennen, und warnen vor einer Relativierung und Degradierung der *einen* (menschlichen) Würde zu unterschiedlichen «Würdigkeiten» (vgl. Luf 2003). Dabei wird einmal mehr das sehr fragwürdige Konzept der Menschenwürde (Abschnitt 4.2) strapaziert.

Folgen wir daher Singer weiter. Tiere, die uns nahe stehen und leiden – zum Beispiel ein Pferd mit gebrochenen Beinen – schläfern wir aus Mitleid ein und empfinden ein solches Vorgehen nicht als Gewaltakt, sondern als Akt der Erlösung einer leidenden Kreatur. Singer (1984, S. 208 f.) gibt daher Folgendes zu bedenken:

> Wir bezweifeln nicht, daß es richtig ist, ein schwer verletztes oder krankes Tier zu erschießen, wenn es Schmerzen hat und seine Chance auf Genesung geringfügig ist. «Der Natur ihren Lauf zu lassen», ihm eine Behandlung vorzuenthalten, aber sich zu weigern, es zu töten, wäre offensichtlich falsch. Nur unser unangebrachter Respekt vor der Heiligkeit des menschlichen Lebens hindert uns daran zu erkennen, daß das, was bei einem Pferd offensichtlich falsch ist, ebenso falsch ist, wenn wir es mit einem behinderten Säugling zu tun haben.

Solche und ähnliche Sätze haben Singer viel Verachtung eingebracht, doch sollte man sich bemühen zu verstehen, wie sie gemeint sind. Singer hat nicht dazu aufgerufen, behinderte Menschen zu töten! Allenfalls hat er in diesem Zusammenhang unsere Natur beziehungsweise die darauf basierende, kulturgeschichtlich geformte Neigung zur Bevorzugung unserer Artgenossen außer Acht gelassen: Ein menschlicher Säugling steht uns – in der Regel – emotional näher als ein Pferd.

Wir müssen hier aber auch einer Asymmetrie gewahr werden, die wiederum eine Doppelmoral zum Ausdruck bringt. Während niemand daran zweifelt, dass etwa bei Unfällen *erste Hilfe* moralisch geboten sei, will die *letzte Hilfe* vielen

Menschen (nicht zuletzt den Gesetzgebern) als unmoralisch erscheinen. «Hilfe» wird sozusagen automatisch gleichgesetzt mit der Rettung von Leben, und viele können sich offenbar nicht vorstellen, dass die einzige Hilfe, die ein todkranker, von unerträglichen Schmerzen gequälter Mensch noch erwartet, die Hilfe zum Sterben sei. (Ich theoretisiere hier nicht einfach herum, sondern habe das Danhinsiechen meiner eigenen Großmutter in ihrem letzten Lebensjahr noch in allen Einzelheiten gut in Erinnerung. Ihr leistete niemand Hilfe.) Ein anderer angelsächsischer Ethiker, der im deutschen Sprachraum so gut wie keine Unruhe gestiftet hat (wohl weil er weniger bekannt ist als Singer, was seiner Bedeutung aber keinen Abbruch tut), kommt ebenfalls zu folgendem Schluss: «Wenn jemand ... unter beständigem Einsatz aufwendigster Apparaturen nur gerade noch am Leben erhalten werden kann, ohne daß sein Leben für ihn offensichtlich noch lebenswert ist, ist es richtig, ihn sterben zu lassen» (Mackie 1980, S. 252). Zugegeben: Es ist nicht immer und unter allen Umständen *offensichtlich*, wann das Leben eines Menschen noch lebenswert ist. Lebenswerte wandeln sich mit Lebenssituationen, aber wir können nicht leugnen, dass für einen Menschen eine Situation eintreten kann, in der ihm sein Leben nicht mehr als lebenswert erscheint und er nur noch den Tod wünschen kann.

Der gewissermaßen optimale Fall ist der der *Patientenverfügung*. Ein Mensch, solange er noch halbwegs bei Gesundheit und im Vollbesitz seiner geistigen Fähigkeiten ist, legt fest, im Falle einer unheilbaren, schmerzhaften Erkrankung nicht künstlich am Leben erhalten werden zu wollen. Natürlich kann auch eine solche Verfügung nicht als absolut und prinzipiell unwiderruflich angesehen werden. Ein gesunder Fünfzigjähriger, der seiner Mitwelt einen solchen Auftrag sozusagen für alle Fälle erteilt, kann nicht im Voraus wissen, ob er unter völlig veränderten Umständen auch noch daran festhalten wird. Vielleicht wird er, Jahrzehnte später, selbst mit schwersten Behinderungen noch am Leben bleiben und seine Entscheidung von einst revidieren wollen. Umgekehrt kann ein Mensch, der nie ernsthaft daran gedacht hat, sein Leben selbst zu beenden oder von anderen beenden zu lassen, unerwartet in eine physische Situation kommen, die seine bisherige Einstellung zu seinem Leben völlig revidiert.

Wenn Altner (1991, S. 290) hingegen zu dem Schluss kommt, in der Bejahung des Todes liege «auch die Freiheit beschlossen, ihn dort eintreten zu lassen, wo er sich eindeutig zeigt», dann bekundet er damit zwar eine sehr schätzenswerte humanistische Gesinnung, verkennt aber die Tatsache, dass sich der Tod nicht immer so «eindeutig zeigt» und obendrein nur durch eine Verlängerung des Leidens jedes Betroffenen hinausgezögert werden kann. Der Biologe und Naturphilosoph Hans Driesch (1867–1941), auch ein Vorläufer der modernen Bioethik, betonte, das Töten sei deshalb so ungeheuerlich, weil es bedeute, «durch meinen Willen den Anderen ins Ungewisse stoßen, ihm etwas zufügen, das ich ganz und gar nicht zu beurteilen imstande bin» (Driesch 1927, S. 76). Man könnte aber umgekehrt ebenso sagen, dass ich den anderen, einen schwer kranken und leidenden Menschen, «ins Ungewisse stoße», wenn ich ihn weiterhin leben (und leiden!) lasse. Viele Menschen sind, im Endstadium ihres Lebens, einfach nicht mehr in der Lage, ihren herannahenden Tod wahrzunehmen – was gut für sie ist –, doch gerade deshalb sollten wir ihr Leiden nicht unnötig verlängern. Der moralische Imperativ, Leben um jeden Preis zu verlängern, und das Gebot, einen Patienten auch auf seinen eigenen ausdrücklichen Wunsch hin nicht sterben zu lassen, sollten einer differenzierteren Sicht der Sterbehilfe weichen. Die Bejahung der Euthanasie als wirkliche Sterbe*hilfe* reflektiert eine nicht minder humanistische Gesinnung. Eine weitere Tabuisierung dieses Problems ist jedenfalls ebenso wenig angebracht wie die Gleichsetzung der Befürworter der Sterbehilfe mit den Nazischergen.

Es wirft einiges Licht auf unsere Gesellschaft und stellt ihr kein gutes moralisches Zeugnis aus, wenn für die Sterbehilfe seriös und sehr umsichtig argumentierende Philosophen von Andersdenkenden physisch bedroht werden. Ich habe bereits in der Einleitung (auf S. 10) darauf hingewiesen, auf welchen Widerstand ein philosophisches Symposium stieß, weil Peter Singer eingeladen war. Hoerster (1998) berichtet über seine eigenen Erfahrungen, wie er etwa in Trier gewaltsam an einem Vortrag gehindert wurde und unter Polizeischutz die Stadt verlassen musste. (Es wäre interessant zu untersuchen, wie viele unter seinen Gegnern ähnlich vehement gegen die Todesstrafe eintreten würden.) Hoerster (1998, S. 188) bemerkt im Nachwort seines Buches:

> Vielleicht wird sich meine oder eine ähnlich liberale Position zur Sterbehilfe in unserer Gesellschaft nie durchsetzen. Ich halte es auch nicht für ausgeschlossen, daß ich selbst aufgrund neuer Argumente von dieser Position wieder abrücke. Was ich mir jedoch schwer vorstellen kann, ist, daß es sich eine freie und aufgeklärte Gesellschaft leisten kann, in der Frage der Sterbehilfe, die potentiell für jeden Bürger von erheblicher Bedeutung ist, auf einem *Argumentationsniveau*, wie es derzeit bei uns herrschend ist, auf Dauer zu verharren.

Dieser Auffassung schließe ich mich ebenso an wie der Bemerkung des Autors an gleicher Stelle, dass nämlich ein Konsens zwischen Politik, Kirche, Jurisprudenz und Ärztekammern «noch kein ausreichender Beweis für die Richtigkeit einer ethischen Position ist». Was natürlich nicht nur für das Problem der Sterbehilfe, sondern auch für andere bioethische Fragen seine Gültigkeit hat.

Niemand, der heute mit offenen Augen und Ohren durch die Welt geht, kann eine relative Brutalisierung des politischen, wirtschaftlichen und gesellschaftlichen Lebens übersehen oder überhören. Politik und Gesellschaft werden zunehmend von ökonomischen Interessen beeinflusst, um nicht zu sagen *terrorisiert.* Gleichzeitig werden – von unseren Entscheidungsträgern wohl kalkuliert – Strategien der Beschwichtigung eingesetzt, die in Sprachregelungen ihren Niederschlag finden. Ein kleines Beispiel zur Veranschaulichung. In den Wiener Straßenbahnen hörte man bis vor kurzem regelmäßig folgende Durchsage: «Sehr geehrte Fahrgäste, wir bitten Sie, Ihre Sitzplätze bei Bedarf behinderten oder alten Menschen zu überlassen.» Inzwischen wurde diese Diktion geändert, es heißt nun: «Sehr geehrte Fahrgäste, wir bitten Sie, Ihre Sitzplätze Personen zu überlassen, die sie dringender benötigen.» Man will also die Ausdrücke «Behinderte» und «Alte» nicht mehr aussprechen, denn schließlich soll sich niemand diskriminiert fühlen. Schön, aber soll damit suggeriert werden, dass es diese «Kategorien» von Menschen gar nicht (mehr) gibt? Nein, hier werden nur – sprachlich mehr oder weniger subtil – Probleme verschleiert, vielleicht in der Erwartung, dass sie von der Öffentlichkeit nicht wahrgenommen werden, wenn es keine Begriffe mehr für sie gibt. Man erinnere sich an die «Neusprache» in George Orwells düsterem Roman *1984*. Dort merzt «die Partei» immer mehr Wörter aus, um so das Denken der Menschen einzuengen. Im Gegensatz dazu kann die Lösung komplexer (bio-)ethischer Probleme allerdings nur gelingen, wenn man sie beim Namen nennt. Es *gibt* behinderte und schwer behinderte Menschen, es *gibt* alte und sehr alte Menschen – sie auf sprachlicher Ebene offiziell zu ignorieren, ist kein Zeichen für Toleranz, sondern das genaue Gegenteil davon… Wir haben also gute Gründe, wachsam zu sein: Wachsam gegenüber Sprachregelungen, die Probleme nur verdrängen oder verschleiern, wachsam gegen all jene Leute, die mit moralischen Absolutheitsansprüchen antreten und gerade damit moralisch falsch handeln. Grundsätzlich sollten wir uns vor all jenen Menschen (dazu gehören nicht zuletzt viele unserer Politiker und sonstige öffentliche Moralapostel) hüten, die nicht müde werden zu betonen, dass sie stets moralisch richtig gehandelt haben, und daher auch von anderen moralisch korrektes Handeln fordern. Vorsicht! Solche Menschen haben, wie bereits auf S. 16 bemerkt wurde, meist die sprichwörtliche Leiche im Keller (vgl. Wuketits 1999 b) oder – das eine schließt das andere freilich nicht aus – moralische Absolutheitsansprüche, die unserer komplexen Welt nicht gerecht werden und deren Durchsetzung katastrophale Auswirkungen hätte.

Ein Plädoyer für Sterbehilfe ist – um damit dieses Thema hier abzuschließen – *keine* grundsätzliche Aufforderung zum Töten von Menschen. Wer das trotzdem so sieht, hat das Problem missverstanden. Es gibt keine allgemeine Regel für Sterbehilfe, keine Regel, die – nach dem Prinzip «Wenn *A*, dann *B*» – deutlich erkennbar macht, wann Sterbehilfe zu leisten sei. Entscheidungen dafür (oder dagegen) hängen im einzelnen Fall von verschiedenen Faktoren ab, die jeweils einer sorgfältigen Erwägung bedürfen. *Prinzipiell* aber ist Sterbehilfe moralisch gerechtfertigt.

Zusammenfassung des Kapitels

(1) Menschenwürde und «Heiligkeit des (menschlichen) Lebens» sind für die Lösung bioethisch relevanter Probleme ungeeignet. Der Mensch hat ein Recht auf Leben – und ein Recht auf Sterben. Grundsätzlich ist ein Suizid moralisch nicht verwerflich, allerdings haben wir auch die moralische Aufgabe, ihn überall dort zu verhindern, wo das Weiterleben eines Menschen sinnvoll erscheint.

(2) Der Schwangerschaftsabbruch ist – unabhängig von gesetzlichen Regelungen – unter bestimmten (medizinischen, psychologischen, sozialen) Gegebenheiten moralisch zu rechtfertigen, die Empfängnisverhütung ist moralisch grundsätzlich unbedenklich.

(3) Eingriffe ins Erbgut des Menschen sind, wenn sie positive Effekte versprechen, moralisch ebenso legitim, allerdings bedürfen sie in jedem einzelnen Fall einer sorgfältigen Erwägung. Auch die Stammzellenforschung ist nicht prinzipiell abzulehnen.

(4) Gleiches gilt für Organtransplantationen – vorausgesetzt, sie bringen dem (Organ-)Empfänger einen Nutzen, dem (Organ-)Spender keinen Schaden. In Ermangelung menschlicher Spenderorgane ist, wenn keine medizinischen Bedenken dagegen sprechen, eine Xenotransplantation in Betracht zu ziehen.

(5) Rettung von Leben (Lebensverlängerung) um jeden Preis ist moralisch bedenklich, da sie auch Leidensverlängerung bedeuten kann. Passive und aktive Sterbehilfe sind daher nicht prinzipiell aus moralischen Gründen abzulehnen, bedürfen aber stets aufs Neue einer besonders sorgfältigen, kritischen Erwägung.

(6) Das Sterben eines Menschen ist kein exakt definierbarer Prozess, allerdings kann der Hirntod als sicheres Todeskriterium gelten.

(7) Jede das Leben und Sterben eines Menschen betreffende Entscheidung ist besonders schwerwiegend. Der Tod jedenfalls ist ein irreversibles Ereignis, das, wenn einmal eingetreten, nicht mehr aufgehoben werden kann. Eine grundsätzliche Befürwortung der Euthanasie darf auf keinen Fall als «Lizenz zum Töten» missverstanden werden, sondern bloß als Aufforderung, das Töten oder Sterbenlassen gelegentlich als Alternative zum Leidenlassen in Erwägung zu ziehen.

5.
DER WERT NICHTMENSCHLICHER LEBENSFORMEN

Der niedrigste Organismus ist etwas bei weitem
Höheres als der unorganische Staub unter unseren Füßen;
und kein vorurteilsfreier Mensch kann irgend ein lebendes
Wesen, wie niedrig es auch stehen mag, studieren,
ohne in Enthusiasmus über seine wunderbare Struktur
und Eigenschaften zu geraten.
Charles Darwin

5.1
DER MORALISCHE STATUS VON TIEREN

Franz von Assisi (1182–1226) forderte eine Hinwendung des Menschen zu allen Lebewesen. Der Gründer des ältesten Bettelordens der katholischen Kirche hatte einmal, wie es die Legende will, einen gefährlichen Wolf gezähmt: «Er stellt einen Wolf zur Rede, der die Herden überfällt, und der Wolf wird sanft wie ein Lamm» (Gobry 1958, S. 76). Wölfe, welche zahm sind wie Lämmer, wären in Wahrheit freilich nicht lebensfähig, und Lämmer können für Wölfe nichts anderes darstellen als Beutetiere. Der Mensch wiederum hat Wölfe Jahrhunderte lang gefürchtet und erbarmungslos gejagt. Manche (Menschen) würden diese Tiere, die in unseren Mythen und Märchen tief verankert sind, wohl am liebsten ausgerottet wissen.

Unter dem Einfluss des Menschen sind bereits unzählige Tierarten ausgestorben, und der Prozess der – direkten oder indirekten – *Ausrottung* von Tieren geht praktisch ungehindert weiter (zur Übersicht siehe Wuketits 2003 a). Ein Grund dafür ist die in unserer Kulturgeschichte seit dem Altertum vorherrschende Meinung, dass der Mensch gegenüber allen anderen Lebewesen etwas Besonderes sei und demnach auch alle Rechte über die anderen Kreaturen habe. Zwar machen bereits viele Texte des Alten Testaments die enge Verbundenheit des Menschen mit Tieren deutlich (Riede 1999), aber «die offizielle Linie der westlichen Philosophie betont die Differenz und das Subordinationsverhältnis von Mensch und Tier» (Wolf 2005, S. 7). Der französische Philosoph René Descartes (1596–1650) sah in Tieren seelenlose, vernunft- und leidensunfähige Maschinen, wollte aber den Menschen in einer Position wissen, die ihm eine durchgreifende Naturbeherrschung erlaubt. Die Konsequenz dieser Haltung ist die rücksichtslose Ausbeutung von Tieren in den unterschiedlichsten Bereichen des menschlichen Lebens. Selbst unsere nächsten Verwandten, die Schimpansen, wurden von uns die längste Zeit als inferiore Wesen behandelt, abgeknallt, ausgestopft in Museen ausgestellt und für medizinische Testzwecke missbraucht. Die *Sonderstellung* des Menschen in der Natur war eine ausgemachte Sache: Der Mensch besitzt Vernunft und einen freien Willen, die Tiere dagegen sind vernunft- und willenlose Geschöpfe.

Diese Meinung änderte sich, als Charles Darwin und andere Naturforscher seiner Zeit – allen voran Ernst Haeckel (1834–1919) und Thomas H. Huxley (1825–1895) – in folgerichtiger Ausweitung der *Evolutionstheorie* nicht nur die «Affenverwandtschaft» des Menschen verdeutlichten, sondern diesen (als lediglich eine der unzähligen auf der Erde lebenden Organismenarten) ausdrücklich ins Tierreich verwiesen: Der Mensch ist mit allen Lebewesen in abgestufter

Weise verwandt. George J. Romanes (1848–1894), ein besonders treuer Anhänger Darwins, formulierte auf dieser Grundlage die Theorie der artübergreifenden Kontinuität des Bewusstseins, die Vorstellung der stufenweisen Entwicklung seelischer und geistiger Phänomene von einfachen Reizreaktionen über Empfindungen und Wahrnehmungen zu Denkleistungen und Selbstbewusstsein (vgl. Romanes 1885; zur aktuellen Diskussion siehe etwa bei Perler und Wild 2005). Darwin selbst hatte den Ausdruck der Gemütsbewegungen des Menschen (Freude, Hass, Zorn, Furcht, Abscheu und so weiter) mit dem von Tieren verglichen und die Distanz zwischen diesen und unserer Spezies verringert (vgl. Darwin 1872). Wenn demnach der Mensch auch nicht bloß auf eine «tierische Existenz» reduziert erscheint (Flew 1984), so darf er, streng genommen, nicht mehr als *wesensverschieden* von den Tieren gesehen werden. Er ist selbst Tier, mit zwar spezifischen Merkmalen, denen aber keine zu große Bedeutung beigemessen werden darf, weil jede Tierart über ihre eigenen, besonderen Merkmale verfügt und einmalig ist.

Dennoch war dieser «Meinungswandel» zunächst bloß theoretischer Natur. Wie so oft, blieb auch in diesem Fall die «Lebenspraxis» weit hinter den wissenschaftlichen Erkenntnissen zurück. Andernfalls dürfte es heute zum Beispiel längst keine Massentierhaltung mehr geben. Erst allmählich wird Tieren ein *moralischer Status* zuerkannt und die Forderung erhoben, «moralische Prinzipien des Mitleids und der Gerechtigkeit speziesneutral anzuwenden» (Wolf 2005, S. 15) und zumindest in einigen nichtmenschlichen Lebewesen (Tieren) *Personen* zu sehen (Singer 1984). Das bedeutet eine entscheidende Ausweitung der Ethik. Beschränkten sich moralphilosophische Überlegungen die längste Zeit weitgehend auf das Handeln des Menschen anderen *Menschen* gegenüber, so mahnt nun die *Tierethik* entsprechende Reflexionen über das Handeln des Menschen Tieren gegenüber ein. Der traditionellen, auf den Menschen bezogenen Ethik wird dabei ein *Speziesismus* (die Bevorzugung der eigenen und die Diskriminierung anderer Arten) vorgeworfen, und zugleich wird auf die Leidensfähigkeit *(Pathozentrismus)* nichtmenschlicher Organismen hingewiesen (zur Terminologie siehe auch Ingensiep 1997). Darauf wird gleich zurückzukommen sein.

Eine Grundschwierigkeit der Tierethik ergibt sich aber daraus, dass es nicht *das Tier* gibt, sondern viele Millionen verschiedener Tierarten von höchst unterschiedlichen Komplexitätsgraden. Die moralische Gleichbehandlung *aller* Tierarten ist weder möglich, noch – aus den bereits auf S. 20 erwähnten Gründen – wünschenswert. Ein weiteres Problem liegt darin, dass in einer Zivilisation, in der viele Millionen von *Menschen* hungern und verhungern, in der *Menschenrechte* nach wie vor mit Füßen getreten werden und *Menschen* sich gegenseitig bekriegen, der moralische Status von Tieren als sekundäres Problem empfunden werden mag. Andererseits kann man argumentieren, dass an der Misere des Menschen nichtmenschliche Lebewesen (von gefährlichen Krankheitserregern einmal abgesehen) völlig unschuldig sind. Sachliche tierethische Diskussionen werden allerdings oft durch den Fanatismus erschwert, den radikale «Tierbefreier» und «Vegetaristen» erkennen lassen. Tierethik darf nicht dazu führen, dass Menschen einander diskriminieren.

Nicht zu übersehen ist freilich, dass wir Menschen oft völlig bedenken- und gedankenlos Tiere töten, deren Existenz uns nicht schadet und deren Tod uns keinen Nutzen bringt. Ob man einer Spinne oder einem Schmetterling einen moralischen Status zuerkennen soll, bleibt dahingestellt, es gibt aber – einmal abgesehen von Giftspinnen – keinen Grund, sie zu töten. Ein moralischer Status wird heute im Allgemeinen zumindest einigen Tieren zuerkannt, und zwar aufgrund des Kriteriums der *Leidensfähigkeit* (vgl. z. B. Altner 1991, Birnbacher 1980, Kaplan 1995, Robinson 1997, Singer 1984, 1996, Wolf 2005). Die entscheidende Vorreiterrolle in dieser Hinsicht spielte der englische Philosoph Jeremias (Jeremy) Bentham (1748–1832). Die Fähigkeit zu leiden war nach seiner Auffassung das Kriterium, das Lebewesen dazu berechtigt, moralisch berücksichtigt zu werden: «Die Frage ist nicht: können sie denken? oder: können sie sprechen?, sondern: *können sie leiden*?» (zit. bei Singer 1984, S. 72). Die Frage ist (seit Darwin) entschieden: Viele Tiere können leiden, und wir haben gute Gründe für die Annahme, dass sich ihr *Leidensempfinden* nicht grundsätzlich von unserem unterscheidet. Umgekehrt dürfen wir annehmen, dass das *Wohlbefinden* auch bei Tieren einen angenehmen Zustand repräsentiert, der – wenngleich nicht genau messbar – ihre physischen und psychischen Fähigkeiten, mit ihrer Umwelt gut zurechtzukommen, ausdrückt (Puppe 1996). Die Leidensfähigkeit der Tiere hat im Übrigen auch Arthur Schopenhauer (1788–1860) als moralphilosophisch bedeutsam anerkannt. Allerdings war er zugleich der Meinung, dass das Verbot, Tiere zu Nahrungszwecken zu töten, nicht verallgemeinert, nicht allen Menschen zugemutet werden könne (vgl. Wolf 1998). Diese Meinung ist nach wie vor vertretbar. Diejenigen, die das strikte Gegenteil durchsetzen wollen, verkennen bedeutsame Aspekte der Wirklichkeit des menschlichen Lebens.

Tieren, die sich wohlbefinden und leiden können, ist ein moralischer Status aus denselben Gründen zuzuerkennen, aus denen wir Menschen diesen Status ganz selbstverständlich einräumen – nicht zuletzt, weil sie sich wohlbefinden und leiden können. Dies ist der heute in der Tierethik im Wesentlichen erreichte Konsens. Im normativen Sinn sagt daher Wolf (1999, S. 116) Folgendes dazu: «Da alle empfindungsfähigen Wesen ein vitales Interesse haben, nicht gequält

Jeremy Bentham

zu werden, erstreckt sich das Verbot der Fremdschädigung auf alle empfindungsfähigen Wesen.» Ähnlich schreibt Birnbacher (1980, S. 118): «Tierquälerei zu unterlassen, ist Pflicht, insofern die Natur leidensfähig ist, und diese Pflicht reicht ebenso weit, wie die Leidensfähigkeit der Natur reicht.» Das sind sehr weitreichende Forderungen, die auf breite Zustimmung stoßen mögen, denen aber eine andere – auch nicht von der Hand zu weisende – Überlegung zur Seite zu stellen ist: Moralische Fragen werden meist kollektiv beantwortet, die jeweilige Antwort hängt von der (traditionell gefestigten) Haltung der jeweiligen Sozietät ab, so dass zum Beispiel Probleme der Rechte nichtmenschlicher Lebewesen nie für *alle* Zeiten und für *alle* Kulturen eindeutig gelöst werden können (Alexander 1987). Uns steht kein *Universalethos* zur Verfügung, keine verbindliche Werte- oder Normentabelle, auf die wir jederzeit zurückgreifen können, um moralische Probleme zu lösen. Gilt dies bereits für die «Menschenethik», dann – aufgrund der ungeheuren Artenfülle – noch mehr und im Besonderen für die Tierethik. Tierethiker (und Tierschützer) sind gut beraten, sich über den «zoologischen Status» von Tieren zu erkundigen, bevor sie über deren moralischen Status reden.

5.2
WAS STEHT TIEREN ZU?

Diese Frage lässt sich daher nicht pauschal beantworten. Es gibt, wie gesagt, Millionen verschiedener Tierarten, bekannt und beschrieben sind über eine Million Spezies, die meisten aber warten noch auf ihre Entdeckung. Insgesamt dürften derzeit – vorsichtigen Schätzungen zufolge – mindestens fünf Millionen Tierarten auf der Erde leben, wahrscheinlich aber wesentlich mehr (bis zu zwanzig Millionen). Das wahre

Ausmaß der *Biodiversität* (Artenvielfalt, genetische Vielfalt von Arten, Vielfalt von Ökosystemen) beginnen wir erst zu erahnen (siehe hierzu z. B. Reichholf 1993, Wilson 1996). Viele Arten werden unbekannt bleiben, weil sie unter dem Einfluss des Menschen aussterben werden, bevor sie dessen Aufmerksamkeit erregen. Hier ist nichts zu verschönern, derzeit erlebt die Tierwelt – von den meisten von uns unbemerkt – eine große Krise, ein *Massenaussterben*, wie es auf unserem Planeten seit vielen Jahrmillionen nicht mehr stattgefunden hat. Die Zahl ausgestorbener – vom Menschen zumindest indirekt *ausgerotteter* – Arten nimmt stündlich zu. Jährlich verlieren wir schätzungsweise 30 000 Tier- und Pflanzenarten (Eldredge 1998). Die Ursachen dafür liegen in erster Linie in der Zerstörung von Lebensräumen, daneben auch in der Überjagung oder Überfischung. Auch das Einschleppen von Arten in Lebensräume, in denen sie ursprünglich nicht beheimatet waren, kann schlimme Folgen haben. Ein bekanntes Beispiel sind Ratten, die über Jahrhunderte hinweg auf Schiffen hierhin und dorthin transportiert wurden. Sie stellen verschiedenen anderen Tieren nach, und ihr massenhaftes Auftreten kann sich durchaus katastrophal auswirken. Man weiß, dass sich die Bekämpfung von Ratten schwierig gestaltet. (Tierschützer, die meinen, dass auch jede einzelne Ratte ein Recht auf Leben habe, sollten sich immer vor Augen führen, in welchem Maße sie andere Lebewesen an ihrer Entfaltung hindert.)

Man muss sich vergegenwärtigen, dass mit jeder der – aus welchen konkreten Gründen auch immer – ausgestorbenen (ausgerotteten) Arten eine Geschichte von Jahrmillionen ausgelöscht wird (Wilson 1994). Moralische Probleme in diesem Zusammenhang werden im vorliegenden und im nächsten Kapitel noch erörtert.

Aus evolutionstheoretischer Sicht ist die Frage, was Tieren zusteht, irrelevant. Die Natur kennt keine Rechte. Tiere existieren einfach in unzähligen von Arten, wobei jede eine jeweils spezifische Antwort auf das Grundproblem des Lebens darstellt: *Überleben*. Dieses Problem bewältigt ein Maulwurf auf seine, eine Zauneidechse auf ihre Weise. Die Evolution durch natürliche Auslese hat die «tollsten» Konstruktionen hervorgebracht, die jeweils im Dienste des Überlebens stehen: Hufe, Klauen, Flügel, Flossen, Schuppen, Zähne, Hörner, Rüssel, Fangarme, Stachel, Giftdrüsen ... Tiere sind nicht dazu da, unsere emotionalen, ästhetischen und moralischen Neigungen zu befriedigen. Die in manchen Diskussionen über Tierethik mitschwingende Romantik ist absolut fehl am Platz. Die meisten von uns machen sich keine Vorstellung davon, was sich in der Natur jeden Tag, jede Stunde, jede Minute und jede Sekunde abspielt, wie viele Tiere von anderen aufgefressen, in Teile zerrissen, zertrampelt, erwürgt, erdrückt, aufgespießt oder mit Gift besprüht werden (vgl. Wuketits 1999 a). (Die wenigsten Menschen kennen das aus eigener Beobachtung, die meisten, wenn überhaupt noch, nur aus dem Fernsehen.) Und doch spielt sich der natürliche Überlebenskampf in der Hauptsache nicht zwischen den Arten, sondern – wie Darwin richtig beobachtete – zwischen den Individuen *derselben* Art ab.

Die lange Zeit beliebte Vorstellung, dass das Verhalten jedes Lebewesens dem Artwohl, dem Überleben seiner eigenen Art dient, erweist sich aus der Sicht der Soziobiologie (vgl. S. 33) als obsolet. Was «zählt», ist das Überleben des Individuums, also die erfolgreiche (individuelle) Fortpflanzung. Die Sorge um das Fortleben der eigenen Art gehört nicht zur biologischen Ausstattung der Lebewesen. Wie bereits bemerkt wurde (S. 36), ist auch der Mensch (biologisch) nicht dazu programmiert, seine Art zu erhalten, sondern nur jeweils als Individuum möglichst lang am Leben zu bleiben.

Damit könnte man das Thema «Tierethik» abhaken – wenn nicht das entscheidende Problem darin bestünde, dass *der*

Mensch ganz maßgeblich in das Leben der anderen Kreaturen eingreift, sie sich zunutze macht, tötet und ihrer natürlichen Lebensräume beraubt. Der Löwe, der eine Gazelle jagt und tötet, wirft seiner Natur gemäß keinerlei moralische Probleme auf, ebenso wenig wie der Fuchs, der sich ein Rebhuhn greift. Da Löwen und Füchsen keine anderen Möglichkeiten zur Verfügung stehen, ist ihr Verhalten moralisch irrelevant. Trotzdem können auch sie – das ist entscheidend – als leidensfähige Geschöpfe *für uns* einen moralischen Status haben. Die moralische Frage ist nicht, wie ein Löwe zu Gazellen oder ein Fuchs zu Rebhühnern steht, sondern wie sich der Mensch *als moralfähiges Wesen* Löwen, Gazellen, Füchsen und Rebhühnern (und anderen Geschöpfen) gegenüber verhält. Ihm stehen also moralphilosophische Reflexionen auch in diesem Zusammenhang gut an. Er ist die einzige Spezies, die andere Arten *domestiziert* hat und ganz gezielt in seine Obhut bringt. Er hält und züchtet Tiere, weil sie ihn, wie insbesondere Hunde und Katzen (ebenso aber auch Goldhamster, Kaninchen oder Kanarienvögel) erfreuen und er sie gern in seiner Nähe hat. Für diese Tiere darf mit Recht seine *Sorgepflicht* eingemahnt werden (vgl. Wolf 2001). Wie aber steht es mit den *Nutztieren*, Enten, Hühnern, Ziegen, Schafen, Rindern, Schweinen? Welche Verpflichtung hat der Mensch ihnen gegenüber, die er ja von vornherein nur zum Zweck des Verzehrs oder ihrer Produkte wegen (Eier, Milch, Fell) hält und züchtet?

Auf die mitunter erhobene Forderung, der Mensch müsse grundsätzlich auf fleischliche Nahrung verzichten (*Vegetarismus*), gehe ich hier nicht näher ein. In einer Welt, in der täglich Tausende Kinder und Erwachsene verhungern oder an den Folgen chronischer Unterernährung sterben, klingt diese Forderung geradezu zynisch. Auch die Vermutung, dass wir von vornherein nicht das Recht hatten, Tiere zu domestizieren und dass deren Domestikation ein Irrweg war (vgl. Wolf

2001), möchte ich hier nicht kommentieren. Solche Extrempositionen sind nicht förderlich, und schließlich darf es nicht darum gehen, nun den Spieß umzudrehen und die Rechte des Menschen zugunsten nichtmenschlicher Lebewesen zu beschneiden. Eine andere Frage ist allerdings die der *artgerechten Tierhaltung* (vgl. z. B. Stieve 2002).

Aufgrund der teils erstaunlichen Anpassungsfähigkeit vieler Lebewesen ist schwer zu entscheiden, was artgerecht ist und was nicht. Wir Menschen selbst liefern hier ein bemerkenswertes Beispiel. Die längste Zeit unserer Evolution waren wir Jäger und Sammler (vgl. S. 33), und man könnte sagen, dass das Leben in Großstädten mit allen damit verbundenen (veränderten) Lebensbedingungen unserer Art nicht gerecht wird. Natürlich ist nicht entschieden, ob uns diese Lebensbedingungen mittel- bis langfristig zum Vorteil gereichen werden (so wie die Dinge liegen, ist Skepsis angebracht), aber es ist nicht zu leugnen, dass sich viele unserer Artgenossen unter diesen neuen Lebensbedingungen durchaus wohl fühlen – und sich schon gar nicht eine Rückkehr in die Steinzeit wünschen (unter deren Lebensbedingungen auch die meisten von uns nicht überleben würden). Analog dazu könnte man sagen, dass beispielsweise Hauskatzen, die, im Gegensatz zu ihren wild lebenden Verwandten, in unseren Wohnungen leben und dort gehegt und mit Futter versorgt werden, keineswegs die Rückkehr in die Wildnis «wünschen» (wo auch sie, von der einen oder anderen individuellen Ausnahme abgesehen, nicht mehr lebensfähig wären). Die Frage, ob der Mensch das Recht hatte, Tiere zu domestizieren, ist, wie gesagt, müßig. Tatsache bleibt, dass die vom ihm domestizierten Tiere im Allgemeinen nur noch in seiner Obhut zu überleben fähig sind. Würde man weltweit plötzlich alle Haustiere freilassen, dann würde das Leid dieser Tiere unvorstellbare Ausmaße annehmen, weil die meisten von ihnen – ob Hühner, Schweine, Katzen oder Kaninchen – in «freier Wildbahn» nicht mehr lebensfähig sind. Es käme zu einem Massensterben, das doch kein Tierschützer in Kauf nehmen möchte. (Abgesehen davon wäre der gesundheitliche Schaden für Menschen wahrscheinlich enorm; massenhaft angehäufte Tierkadaver enthalten Keime vieler Krankheiten.)

Das bedeutet freilich nicht, dass der Mensch mit seinen (Haus-)Tieren machen kann, was er will. Moderate Tierethiker (z. B. Sitter-Liver 1994) fordern, dass Rechte von Tieren nur dringlicheren Rechten von Menschen weichen dürfen. Als moderat ist diese Forderung deshalb zu nennen, weil extreme Verteidiger von Tierrechten noch ganz andere Töne anschlagen. Ihnen zufolge dürfte man beispielsweise nicht einmal Bienenhonig verzehren (vgl. Balluch 2005). Solche Positionen schaden der Tierethik mehr, als sie ihr nutzen, zumal damit zu rechnen ist, dass sie für eine überwiegende Mehrzahl der Menschen nicht nachvollziehbar sind und als unrealistische Forderung nicht ernst genommen werden. Auch in der Tierethik gilt, dass moralische Imperative mittel- bis langfristig nur dann Aussicht auf Erfolg haben, wenn sie grundsätzlich als «lebbar» erscheinen (vgl. S. 44). «Das reine Mitleid», schreibt Wolf (1999 b, S. 156), «ist ein so seltenes und im Vergleich mit Egoismus und Bosheit so schwaches Motiv, dass wir uns im Alltag nicht auf dieses Gefühl verlassen können.» Eine «reine Mitleidsethik» kann daher auch nicht die Basis für ernsthafte tierethische Argumente bilden. Mit einer kranken Katze, einem angeschossenen Hund oder einem blinden Kaninchen empfinden wir Mitleid – im Falle eines verletzten Krokodils hält sich unser Mitleid in der Regel allerdings in Grenzen. Für den Artenschutz werden wir daher andere Argumente finden müssen (siehe Abschnitt 6.4).

Für das Wohlbefinden unserer Haus- und Nutztiere zu argumentieren ist nicht sonderlich schwer. Wenn man die elementaren Verhaltensweisen, den Bewegungsradius und die Nahrungsgewohnheiten eines Tieres kennt, lässt sich relativ leicht feststellen, was ihm gut tut. Man muss andererseits davon ausgehen, dass keine Art oder Rasse beliebig anpassungsfähig ist. Ein Jagdhund in einer kleinen Stadtwohnung ist zu einem kümmerlichen Dasein verurteilt und wird bei nicht genügendem Auslauf schwere Schäden davontragen. Von Labormäusen, die unter beengten «Standard-Bedingungen» gehalten wurden, sind Gehirn-Schädigungen bekannt, die sich in Verhaltensstereotypien äußern (dauerndes Hin- und Herlaufen, unaufhörliches Nagen an Käfigstäben) (vgl. Konrad und Fürschuss 2006, Stieve 2002). Daher ist auch jedem Tierfreund dringend zu raten, sich die Anschaffung eines vierbeinigen oder gefiederten Hausgenossen gründlich zu überlegen, sich zu fragen, ob er der erwähnten Sorgepflicht nachkommen kann und über das betreffende Tier genug weiß, um ihm ein zufriedenes Dasein zu ermöglichen. Das sind sehr simple Grundsätze, die aber, wenn sie missachtet werden, viel Leid bei den betroffenen Tieren verursachen.

Wollen wir generell feststellen, was Tieren gut tut, steht uns aus biologischer Sicht nur die Fortpflanzungsfähigkeit als «objektives» Kriterium zu Verfügung (vgl. Grinde 1996). Daraus moralische Forderungen abzuleiten, wäre aber ziemlich absurd. Niemand kann die uneingeschränkte Vermehrung *aller* Organismenarten wünschen.

5.3
EMPFINDSAME WESEN, KEINE SACHEN!

Die längste Zeit über wurden Tiere aus allen möglichen – und unmöglichen – Anlässen regelrecht missbraucht, als *Sachen* angesehen, über die der Mensch beliebig verfügen darf. Noch im England des 16. und 17. Jahrhunderts wurden Kämpfe zwischen Hunden und einem Löwen veranstaltet – grausame Spiele zum Nachteil der Hunde (vgl. Oeser 2004). Kämpfe zwischen Bären und Hunden, bei denen erstere angekettet und geknebelt waren, gereichten zwar den Hunden zum Vorteil, waren aber um nichts weniger grausam. Seit der Antike hatten viele Menschen immer wieder ihre Freude daran, Tiere miteinander oder Menschen gegen Tiere kämpfen zu lassen. Stier- und Hahnenkämpfe sind besonders bekannte Beispiele für fragwürdige Wettkämpfe, die sich bis in die Gegenwart hinein mancherorts großer Beliebtheit erfreuen (vgl. Dinzelbacher 2000). In jüngster Zeit noch wurden Haushunde angekettet, und nach wie vor werden in den modernen «Tierfabriken» Hühner, Rinder und Schweine unter für sie katastrophalen Bedingungen gehalten und gezüchtet, die ihrer jeweiligen Art alles andere als gerecht werden. Zu erwähnen sind auch Tiertransporte quer durch Europa, bei denen etwa Rinder, auf engstem Raum zusammengepfercht, hungernd und durstend, zu ihrem Zielort gebracht werden. Die alte Auffassung, dass Tiere seelenlose Wesen sind, gleichsam Automaten (vgl. S. 105), ist nach wie vor vielerorts präsent. Spricht man im Gegensatz dazu von der «Heiligkeit des Tierlebens» (Kromka 2000), dann allerdings verschiebt man das Problem des Tierschutzes in einen metaphysischen Bereich, der nicht nachvollziehbar ist und Tieren auch kaum helfen wird.

In einigen Ländern geltende moderne Tierschutzgesetze tragen indes dem Umstand Rechnung, dass Tiere keine Sachen sind, sondern empfindsame Wesen mit Bedürfnissen, die – auf einer elementaren Ebene – denen des Menschen durchaus ähnlich sind. Die entscheidende Einsicht, die sich durchzusetzen beginnt, ist, dass man mit Tieren nicht machen kann, was man will, dass Tiere nicht dazu da sind, uns bloß zu unterhalten, von uns zu beliebigen Zwecken missbraucht zu werden und so weiter. Folgerichtig ist es daher zum Beispiel im österreichischen Tierschutzgesetz unter anderem ausdrücklich verboten, Tiere mit Qualzuchtmerkmalen zu importieren, zu erwerben oder weiterzugeben, Tierkämpfe durchzuführen, Tiere zu überfordern, zu vernachlässigen oder auszusetzen (siehe zur Übersicht Binder und Lengauer 2006). (Wobei «Überforderung» und «Vernachlässigung» freilich nicht scharf abgrenzbare Begriffe sind.)

Unsere Einstellung zu Tieren beginnt sich nur allmählich zu ändern. Konrad Lorenz (1903–1989), einer der Begründer der modernen Verhaltensforschung und Vorreiter der ökologischen Bewegung schrieb einmal: «Ich lache eigentlich selten über ein Tier; und wenn ich lache, stellt sich bei näherem Zusehen meist heraus, daß ich über mich, über den Menschen gelacht habe, den mir das Tier in einer mehr oder weniger mitleidlosen Kreatur vorgeführt hat» (Lorenz 1964, S. 139). Der ausgezeichnete Tier- und Menschenkenner wusste natürlich von der engen stammesgeschichtlichen Beziehung zwischen dem Menschen und den Tieren, zumal den Säugetieren, und erkannte, dass manche Kreatur uns Menschen gleichsam einen Spiegel vor das Gesicht hält. Vielen Menschen ist ihre (enge) Verwandtschaft mit nichtmenschlichen Lebewesen nach wie vor peinlich, so dass sie diese lieber – zumindest bildhaft gesprochen – von sich weisen.

Spricht man Tieren grundsätzlich Emotionen und «höhere» psychische Leistungen ab, dann kann man sie auch entsprechend behandeln – als Sachen oder Automaten, die der Verfügbarkeit durch den Menschen überantwortet sind. Nun wird heute zwar niemand, der einen Hund oder eine Katze besitzt und diesen Tieren einige Aufmerksamkeit widmet, ernsthaft leugnen können, dass es sich dabei um durchaus «gefühlvolle» Wesen handelt, die Angst haben und sich freuen, zornig werden oder sich gekränkt fühlen können. Ihnen «geistige» Eigenschaften zuzusprechen ist allerdings ein anderes Problem. Jedoch schrieb schon Romanes (1885,

S. 179), «dass die Handlungen andrer Organismen, wenn analog den unsrigen, die wir bestimmt als von geistigen Zuständen begleitet erkennen, auch bei jenen von ähnlichen geistigen Zuständen begleitet sind».

Können Tiere denken? Verhaltensforscher haben diese Frage untersucht, und ein noch heute im Wesentlichen gültiges Ergebnis ihrer Untersuchungen lässt sich folgendermaßen zusammenzufassen: «Das Denken der Tiere ist bildhaft, vorsprachlich und begriffsfrei. Es dient im wesentlichen unverändert bleibenden Bedürfnissen» (Fischel 1974, S. 149). Natürlich sind auch viele Bedürfnisse des Menschen konstant – das Bedürfnis, zu essen, zu trinken, zu schlafen und der Geschlechtstrieb ändern sich in unserer Gattung genauso wenig wie bei anderen Gattungen. So kommen wir den Tieren abermals näher. Bei den Schimpansen und einigen anderen nichtmenschlichen Primaten können wir aber längst davon ausgehen, dass sie über eine Art von Bewusstsein verfügen, spezialisiert auf Bilder (Premack und Premack 1984). Das unterstreicht ihre enge Verwandtschaft mit uns einmal mehr.

Hier ist nicht der Ort, die Ergebnisse der Verhaltensforschung an Tieren näher darzustellen. Das Gesagte mag genügen, um deutlich zu machen, dass aus verhaltensbiologischer Sicht Tiere keine bloßen Automaten oder Sachen sind, sondern Wesen mit einem Eigenleben. Ein solches kann man in gewissem Sinne auch Automaten (Computern) unterstellen, doch im Gegensatz dazu ist das (Eigen-)Leben der Tiere einerseits durch ihre Stammesgeschichte, andererseits durch ihre individuelle Biographie bestimmt. (Computer haben keine Abstammungsgeschichte und sind keine sich entwickelnden Wesen!) Die (bio-)ethische Schlussfolgerung liegt auf der Hand: Tiere sind anders zu behandeln als Automaten. Einen Computer kann ich, wenn er mich zu sehr ärgert, einfach aus dem Fenster werfen und muss dabei nur darauf achten, dass er niemandem auf den Kopf fällt. Einen Hund, eine Katze oder ein Kaninchen aus dem Fenster zu werfen, ist etwas völlig anderes – es bedeutet, empfindsame, ängstliche Lebewesen zu verletzen oder sie möglicherweise qualvoll sterben zu lassen. Selbst wenn man sie dadurch «nur» in Angst und Schrecken versetzt, ist es für sie schon schlimm genug.

Niemand, der mit Tieren zusammenlebt, sich bemüht, sie zu verstehen und sie sozusagen in seinen Kommunikationskreis einbezieht, wird ihnen absichtlich Qualen zufügen. Auch Jäger, Feindbilder der meisten Tierschützer, haben, wenn sie ihr Anliegen wirklich ernst nehmen, nicht zuletzt die *Hege* der Tiere in ihrem Revier im Sinn. Einen strengen Winter kann so manches Reh, so mancher Feldhase und so manches Wildschwein nur überleben, weil ihm Jäger, die ihm zu bestimmten anderen Jahreszeiten auf den Pelz rücken, Futter zur Verfügung stellen. Natürlich kann man hier einen Widerspruch vermuten. Wenn aber Jäger Wildtieren ein zumindest vorübergehendes Leben und Überleben ermöglichen, kann man sie nicht pauschal verurteilen oder als Mörder abqualifizieren. Sie erkennen, dass Tiere empfindsame Wesen sind, leiden, hungern, frieren können. Freilich sind für Jäger nur relativ sehr wenige Spezies von Belang, eine Handvoll oder vielleicht ein Dutzend, und die rekrutieren sich aus (einigen) Säugetieren und (wenigen) Vögeln. Reptilien und Amphibien gelten – zumindest in unseren Breiten – nicht als Jagdwild (und brauchen daher von Jägern auch nicht gehegt zu werden).

5.4
IST EIN GOLDHAMSTER MEHR WERT ALS EINE SCHNECKE?

Daher bleibt die Frage, welchen konkreten (moralischen) Status wir *einzelnen Arten* beimessen können und nach welchen Kriterien dabei vorzugehen ist. Peter Singers Buch *Die Befrei-*

ung der Tiere (1996) – ursprünglich, im englischen Original *(Animal Liberation)*, 1975 erschienen – hat in der Tierethik große Bedeutung erlangt und auf politischer Ebene dazu beigetragen, dass in verschiedenen Ländern über Gesetzesreformen zur Verbesserung der Situation der Tiere ernsthaft nachgedacht wurde. (Zur Diskussion und Kritik siehe Klein 1999). Singers Anliegen ist die Befreiung der Tiere aus der Tyrannei des Menschen, und er sieht sein Anliegen analog zur Sklavenbefreiung, zur Befreiung der Schwarzen aus der Herrschaft der Weißen. Das erste Kapitel seines Buches – «Alle Tiere sind gleich» – drückt ebenfalls eine Analogie zur amerikanischen Bürgerrechtsbewegung aus, und es ist unschwer zu erkennen, dass hier eine Parallele zu den Menschenrechten gezogen wird. Im Weiteren schildert Singer die bedrückende Situation vieler Labortiere, die «Tierfabriken», sowie die Haltungs- und Transportbedingungen von Tieren in unseren Industriegesellschaften und kommt zu dem Schluss, auf den Konsum von Fleisch sei zu verzichten. Tiere, so meint er, die wir nur halten, um sie zu essen, würden wir als bloße Dinge ansehen lernen, was zur Folge habe, dass wir sie auch entsprechend (schlecht) behandeln. Kritisch möchte ich dazu anmerken, dass das zwar für die Massentierhaltung gilt, nicht aber für die Tierhaltung auf einem kleinen Bauernhof. Ich selbst bin auf einem solchen Bauernhof aufgewachsen und kann bestätigen, dass jedem der zum Verzehr bestimmten Tiere – ob Schwein, Huhn oder Hase – zu seinen Lebzeiten Respekt gezollt wurde. Gerade, weil es ein wertvoller Nahrungslieferant war, wurde es auch gut behandelt. Das gilt sicher nach wie vor auf allen kleinen Bauernhöfen. Menschen, die auf Tiere angewiesen sind, wissen diese im Allgemeinen zu schätzen.

Nun ist Singers Ansatz insgesamt sehr gut durchdacht und nicht das unreflektierte Pamphlet eines Tierromantikers. Als Utilitarist steht er für größtmögliches Glück möglichst vieler

Geschöpfe ein. Daher kann er an der schmerzfreien Tötung eines zuvor artgerecht gehaltenen Tieres auch nicht unbedingt ein Unrecht erkennen. Er meint beispielsweise ebenso, dass ein qualvoller Tierversuch, der tausende Menschenleben retten würde, gerechtfertigt wäre. Sein utilitaristischer Ansatz ist auch mit einem strikten Vegetarismus unvereinbar – allein schon deshalb, weil Utilitaristen von absoluten Verboten nichts halten. Wie aber steht es um das Gleichheitsprinzip? Inwiefern sind *alle* Tiere gleich? Zwar vertritt Singer an anderer Stelle (Singer 1984) die Position, dass womöglich alle Säugetiere und Vögel *Personen* sind und deshalb, wie der Mensch, ein «echtes» Lebensrecht haben, doch kann er seinen Gleichheitsgrundsatz nicht sehr viel weiter in die Tierwelt ausdehnen. Ist also ein Goldhamster mehr wert als eine Schnecke?

Tierethiker werden auf eine harte Probe gestellt, wenn sie entscheiden sollen, ob Tiere – und wenn ja, welche und unter welchen Umständen – getötet werden dürfen. Da gehen die Meinungen auseinander (zur Übersicht siehe z. B. auch Ott 1999). Ist einerseits ein prinzipielles Tötungsverbot, das sich auf alle Arten erstreckt, aus den bereits auf S. 20 erwähnten Gründen nicht haltbar, besteht andererseits bei einem eingeschränkten Tötungsverbot das Problem der Grenzziehung. Relativ einfach ist es, für ein Tötungsverbot der uns am nächsten verwandten Tiere, der Menschenaffen, zu argumentieren: Schimpansen, Gorillas und Orang-Utans. Ihre frappante Ähnlichkeit mit uns Menschen – nicht nur in anatomischer, sondern auch in verhaltensbiologischer Hinsicht – führt uns leidensfähige Geschöpfe mit einem *Bewusstsein* vor. Gleichzeitig muss man sich vergegenwärtigen, dass Gorillas in afrikanischen Kulturen eine spezifische Rolle spielen und der rituelle Verzehr von Gorilla-Fleisch als Einverleibung von Kraft gilt (vgl. Meder 1999). Normen und Werte sind Kollektiventscheidungen, Ausdruck einer historisch gewachsenen

Normen- und Wertetradition, die nicht beliebig übertragbar ist. Eine universelle Tierethik, die global, von allen Völkern und Kulturen, akzeptiert wird, ist daher genauso utopisch wie eine universelle «Menschenethik». Allerdings ist ein moralischer Minimalkonsens in beiden Fällen möglich.

Menschen aller Kulturen sind, als Angehörige der Spezies *Homo sapiens*, durch die gleichen biologischen und psychologischen Grundmerkmale charakterisiert. Nirgends auf der Welt *will* ein Mensch misshandelt, gequält und getötet werden. Geschieht dies dennoch, so ist es moralisch falsch, völlig unabhängig von der kulturellen Zugehörigkeit des Betroffenen. (Das wäre übrigens das einzige halbwegs verlässliche *objektive* Kriterium für Normen und Werte.) Da Schimpansen, Gorillas und Orang-Utans uns sehr ähnlich – mit uns stammesgeschichtlich sehr eng verwandt – sind, hat für sie dasselbe (Moral-)Prinzip zu gelten. Niemand begeht einen Bruch mit seiner kulturellen Tradition, wenn er diese Geschöpfe in seine «Wertegemeinschaft» aufnimmt und ihnen nichts antut, was er auch seinen Mitmenschen – jedenfalls, solange er moralisch richtig handelt – nicht antun würde. Da aufgrund genetischer und verhaltensbiologischer Untersuchungen die Grenze zwischen «Menschen» und «Menschenaffen» nicht mehr so scharf gezogen werden kann, wie dies lange Zeit stillschweigend angenommen wurde, sondern als natürliche Grenze eigentlich nicht mehr existiert, wäre es für uns wohl an der Zeit, Schimpansen, Gorillas und Orang-Utans in die «Gemeinschaft der Gleichen» aufzunehmen (Sommer 2000).

Womit zugestanden wäre, dass diesen Geschöpfen in moralischer Hinsicht absolute Priorität zukommt. Da kann ein Goldhamster nicht mithalten. Wer diesen possierlichen Gesellen als Hausgenossen hält, hat ihm gegenüber eine gewisse Sorgepflicht, wird sich aber kaum veranlasst sehen, ihn in die «Gemeinschaft der Gleichen» aufzunehmen (was auch einer gewissen Lächerlichkeit nicht entbehren würde). Die Schnecke schließlich bleibt vollends «draußen». Radikale Tierschützer begehen mit ihrem Postulat der Gleichheit (von Tieren und Menschen) einen grundlegenden Fehler: Sie übersehen, dass ein moralisch vertretbarer Umgang mit nichtmenschlichen Geschöpfen dieses Postulats gar nicht bedarf. «Nicht nur die Menschenliebe, sondern auch die Tierfreundlichkeit erweist sich darin, den anderen als anders zu achten und ihm das Recht zuzugestehen, sich in seinem Anderssein glücklich zu fühlen» (Kromka 2000, S. 59). Pointiert gesagt: Schimpansen brauchen wir keine Menschenrechte einzuräumen, was sie benötigen, sind *Schimpansenrechte*. Die werden wir aber nur verstehen und um so eher anzuerkennen bereit sein, je besser wir über ihre «Träger» Bescheid wissen, je einsichtiger uns ihr Verhalten in allen seinen komplexen Ausdrucksformen wird. Schließlich sollte es uns auch etwas wert sein zu wissen, wer unsere nächsten Verwandten sind, zumal wir dadurch auch sehr viel über uns selbst erfahren können. Schimpansen könnten wir auch durch eine Erweiterung unserer nepotistischen Neigungen und des Prinzips der Solidarität akzeptieren (vgl. Abschnitt 3.2) – wenn schon nicht in unserer Mitte, dann doch zumindest am Rande unserer engeren Verwandtschaftsgruppe. Aber diese Neigungen sind begrenzt, die Forderung, sie auf beliebig viele Spezies auszudehnen, wäre genauso verfehlt wie der Imperativ, unseren Schlaf auf bloß zwei Stunden pro Tag zu reduzieren (vgl. S. 44) – also nicht lebbar. Unsere subjektiv empfundene «Ungleichwertigkeit» von Tieren – wenn die auch alle, in abgestufter Form, mit uns verwandt sind – ist in Betracht zu ziehen.

Kognitive und emotionale Fähigkeiten, die wir beim heutigen Wissensstand verschiedenen Tieren mit hoher Wahrscheinlichkeit einräumen müssen. (Die Liste ist nicht vollständig, sie liefert nur Beispiele.)

Schmerzempfindung
Vögel und Säugetiere. (Andere Wirbeltiere sind für Verletzungen und starke Reize weniger oder nicht empfindlich. Wirbellose Tiere besitzen wahrscheinlich keinen Schmerzsinn.)

Neugierverhalten und Spiel
Viele Säugetiere (beispielsweise katzen- und hundeartige Raubtiere, Bären, Primaten)

Positive Empfindungen zu Artgenossen
Manche sozial lebende Vögel (Gänse), verschiedene gesellige Säugetiere (Delphine, Pferde, Hunde, Primaten [Menschenaffen zeigen auch Mitgefühl oder Empathie, sind zugleich fähig, Artgenossen zu täuschen, und besitzen so etwas wie ein Gefühl für Gerechtigkeit.])

Freude
Delphine, Pferde und andere Huftiere, Elefanten, Katzen, Hunde, Primaten

Angst
Viele Vogel- und Säugetierarten

Trauer
Gänse, Delphine, Pferde, Elefanten, Hunde, Menschenaffen

Lernen durch Imitation
Die meisten Vogel- und Säugetierarten

Lehren («Unterweisung» der Nachkommen)
Delphine, Wölfe, Hunde, Elefanten, Menschenaffen

Ich-Erkenntnis
Menschenaffen (durch Experimente an Spiegeln nachgewiesen)

Zielintendiertes Verhalten, Kultur
Menschenaffen, vor allem Schimpansen (nicht nur Werkzeuggebrauch, sondern auch Werkzeugherstellung [Bearbeitung von Zweigen zum effektiven Fang von Termiten und Ameisen], Planhandlungen, die die augenblicklichen Bedürfnisse auch über Umwege befriedigen)

5.5
EINE HIERARCHIE VON EMOTIONEN UND WERTEN

Wer an *Tiere* denkt, denkt in der Regel in erster Linie an Säugetiere und Vögel, vielleicht noch an Reptilien und Amphibien, kaum noch an Fische, gelegentlich vielleicht an Insekten und Spinnen, aber schon gar nicht an Krustenanemonen.[7] Die überwiegende Mehrzahl der Tiere, die unseren Planeten bewohnen, sind Wirbellose, von denen die meisten wiederum nur Fachzoologen bekannt sind. Die etwa 4000 Arten von Säugetieren und rund 9000 Vogelarten sind ein verschwindend kleiner Ausschnitt aus dem riesigen «Kreis» der Tierwelt (siehe S. 131 f). Doch selbst von der Vielfalt der Säugetiere und Vögel haben die meisten Menschen eine nur undeutliche Vorstellung, da sie mit relativ wenigen von ihnen in Berührung kommen. Während beispielsweise Bären, Dachse, Delphine und Mäuse jedem ein Begriff sind, bleibt etwa die Existenz von Nacktmullen den meisten Menschen verborgen.[8]

Nun will ich hier nicht meine zoologischen Kenntnisse ausbreiten, aber doch kritisch bemerken, dass manche Tierethiker und Tierschützer nicht so genau zu wissen scheinen, wovon sie eigentlich reden. Sprechen sie bloß über die artgerechte Haltung von Hunden, Katzen, Hasen und Papageien oder auch über die Lebensmöglichkeiten der Nacktmulle und unzähliger anderer, allgemein kaum bekannter Geschöpfe? Wie halten sie es beispielsweise mit Gürteltieren, der Bezoarziege und dem Afrikanischen Quastenstachler, um nur drei Beispiele aus der Klasse der Säugetiere anzuführen? Die Frage ist wohl nicht ganz fair, denn manche Tiere stehen uns nun einmal – aus emotionalen und ästhetischen Gründen – näher als andere. Und wenn selbst unter den Säugetieren viele Spezies den meisten Menschen unbekannt sind, dann liegt das vielleicht daran, dass Zoologen zu wenig «Aufklärungsarbeit» leisten und die Objekte ihrer Spezialinteressen nicht unter die Leute bringen. Aber das ist nicht das Problem.

Das Problem ist eine Hierarchie von Emotionen und Werten, deren Stufen voneinander nicht scharf abzugrenzen sind. Diese Hierarchie liegt sozusagen in uns. Konrad Lorenz, der in vieler Hinsicht zu den Vorläufern der modernen Tierethik zählt, beschrieb folgendes erhellende Gedankenexperiment:

> Man stelle sich vor, daß man einer langen Reihe verschieden hoher Lebewesen gegenüberstehe. Ein Salatkopf, eine Schnecke, ein Käfer, ein Fisch, ein Frosch, eine Eidechse, ein Meerschweinchen, eine Katze, ein Hund und ein kleiner Schimpanse seien nebeneinander geboten, und nun wird der Bezweifler der Verschiedenartigkeit des Wertes dieser Organismen aufgefordert, einen von ihnen zu töten. Wenn es dann jemand ebenso leicht fallen sollte, ein höheres Tier umzubringen wie einen Salatkopf, so würde ich ihn allen Ernstes auffordern, bei nächster sich bietender Gelegenheit Selbstmord zu begehen, denn ein solcher Mensch wäre ein gemeingefährliches Monstrum (Lorenz 1974, S. 288).

Nebenbei bemerkt hat Lorenz in dem Maße, in dem er ein Mitleid mit Tieren gefordert hat, auch unser Mitgefühl mit

Menschen eingemahnt und die Befürchtung ausgesprochen, «daß das Mitleid mit Tieren bei vielen Menschen in umgekehrtem Verhältnis zu ihrer Menschenliebe steht» (Lorenz 1983, S. 263).

Lorenz' Gedankenexperiment lässt freilich offen, wo das «höhere» Tier beginnt und welche Tiere man töten darf, ohne als gefährliches Monstrum zu gelten. Man darf vermuten, dass die allermeisten Menschen nicht imstande wären, die Katze, den Hund und den kleinen Schimpansen zu töten. Beim (kleinen) Schimpansen kommt noch das «Kindchenschema» hinzu, das unseren Hegeinstinkt anspricht. Ein relativ großer Kopf mit einem kurzen Gesicht unter einer hohen Stirn, relativ große Augen und eine insgesamt rundliche Figur sind Schlüsselreize, auf die wir üblicherweise positiv reagieren. Einen Käfer oder eine Schnecke zu töten, dürfte hingegen einer Mehrzahl von Menschen nicht schwer fallen. Bei einem Fisch wiederum muss man keinen Tötungsakt im strengen Sinne vollziehen – man muss ihn nur aus dem Wasser nehmen, und er geht von allein zugrunde. Im Falle des Frosches und der Eidechse werden sich bei manchen Menschen viel eher Tötungshemmungen einstellen, und das Meerschweinchen ist wohl schon ein ausgesprochener Grenzfall. Im Allgemeinen erscheint folgende (moralische) Forderung wohl akzeptabel: Unsere Verantwortung gegenüber nichtmenschlichen Lebewesen sollte in dem Maße wachsen, «in dem die evolutionäre Distanz zwischen Tier und Mensch abnimmt. Wir sollten ungleich mehr Scheu empfinden, einen Schimpansen als Versuchstier leiden zu sehen, als bei der Gartenarbeit unbeabsichtigt einen Regenwurm zu durchschneiden» (Kromka 2000, S. 107). Die in populären Tierbüchern und in den Medien auf sentimentale Weise präsentierten Tiere tragen in unserem Empfinden dazu bei, dass weniger «populäre» Geschöpfe – über welche Empfindungen sie ihrerseits auch verfügen mögen – sozusagen auf der Strecke bleiben.

Die Methoden des Fangens und Vernichtens «unpopulärer» Tiere (zum Beispiel Ratten) sind oft sehr brutal (Medawar 1977). Doch der Grad der Grausamkeit steigt mit der Antipathie, die wir zu den jeweiligen Kreaturen empfinden.

Allerdings ist «Grausamkeit» ein sehr relativer Begriff. Einen Menschen, der einen Käfer zertritt, als «grausam» zu bezeichnen ist nicht gerechtfertigt. Er löscht damit zwar Leben aus, verursacht aber kein Leid im engeren – von uns Menschen definierten – Sinn. Wir dürfen davon ausgehen, dass wirbellose Tiere im Allgemeinen keine Schmerzen empfinden, weil in ihren Nervensystemen die für die Schmerzverarbeitung maßgeblichen Teile fehlen oder kaum ausgebildet sind. Insekten reagieren zwar beispielsweise auf Hitzeeinwirkung und vermeiden mithin schädigende Einflüsse (ein Überlebensimperativ!), doch kann daraus nicht auf Schmerzempfindungen geschlossen werden. Die bleiben – wie verschiedene andere Empfindungen und kognitive Leistungen – in der Hauptsache Vögeln und Säugetieren vorbehalten (siehe S. 124 f.). Nur allmählich kommen wir einer *objektiven* Bestimmung von Schmerz und Leid näher, aber die bisherigen Ergebnisse der Verhaltensphysiologie und anderer biologischer Disziplinen geben dafür einige Hoffnung. Die Tierethik wird sich jedenfalls an diesen Ergebnissen orientieren müssen.

Das Wesen des Tötens liegt, so oder anders, darin, die Existenz eines Lebewesens – welcher Art auch immer – frühzeitig auszulöschen. Das gehört in der Natur zum Alltagsgeschehen, aber die Natur kennt eben keine Moral (vgl. S. 26), so dass das (ethische) Problem des Tötens ein ausgesprochen menschliches Problem bleibt. Ist die Position, dass der Mensch überhaupt keine Tiere töten darf, unhaltbar, so ist zu überlegen, mit welcher Begründung er bestimmten Tieren ein gewaltsames Ende setzen darf. Wenn es sich um alte und leidende Tiere handelt, ist die Sache klar: Wir erlösen sie von ihren Qualen. Ein Tier, von dem man angegriffen wird, in Notwehr zu töten, sollte auch keine moralischen Probleme bereiten (schließlich ist auch das Töten eines Menschen in Notwehr moralisch nachvollziehbar und rechtlich erlaubt). Und über das Töten von Erregern gefährlicher Krankheiten braucht erst gar nicht diskutiert zu werden. Das Argument, das Töten von Tieren sei genauso verwerflich wie das Töten von Menschen, wenn man damit Zukunftsvorstellungen durchkreuzt (Singer 1984), ist nicht ganz stichhaltig. Manche Menschen (zum Beispiel Säuglinge und Debile) haben eindeutig keine Zukunftsvorstellungen, dennoch wäre es – einer allgemeinen Auffassung zufolge – moralisch verwerflich, sie zu töten (sofern nicht ganz bestimmte Gründe dafür sprechen; siehe Kapitel 4). Die allermeisten Tiere haben, wie vermutet werden darf, überhaupt keine Idee von ihrer möglichen Zukunft, laden uns aber dennoch nicht ein, sie zu töten. Aus nahe liegenden Gründen, «will» kein Tier getötet werden. Daraus zu schließen, dass kein Tier getötet werden *darf*, wäre etwas kurzsichtig. Selbst Wanzen und Flöhe «wollen» weiterleben, was aber nicht bedeuten kann, dass wir sie in unseren Betten dulden müssen.

Manchen Tieren messen wir oft auch unabhängig von ihrem zoologischen Status und Komplexitätsgrad einen höheren (Lebens-)Wert bei als anderen. Wir bewerten Tiere nicht zuletzt auch im Hinblick darauf, welchen Nutzen oder Schaden sie uns bringen. Klein (1998) führt dazu folgendes Beispiel an. Mäuse zählen zu den empfindsamen Lebewesen, stellen aber auch eine Bedrohung unserer Vorräte dar. Wir dürfen sie daher nicht erst dann töten, wenn sie uns durch ihr massenhaftes Auftreten zu einer Notwehrreaktion zwingen, sondern schon früher, gleichsam präventiv, um eine Not auf unserer Seite erst gar nicht aufkommen zu lassen. Die Forderung, «Alle Mäuse haben ein Recht auf Leben und dürfen von uns nicht behelligt werden», wäre unrealistisch. Auch

Albert Schweitzer akzeptierte – als Arzt in Afrika – mit einiger Selbstverständlichkeit, dass verschiedene Lebewesen vernichtet werden, um menschliches Leben zu erhalten (vgl. Kromka 2000). Leute, die sich ein paar Mäuse als Hausgenossen halten, sich aber keine Mäuseplage vorstellen können, dürfen ihre eigene – positive – Beziehung zu diesen Nagetieren nicht verallgemeinern.

Völlig abzulehnen ist aber zum Beispiel die massenhafte Abschlachtung von Robben, die angeblich die Fischbestände gefährden, gleichzeitig aber auch wertvolle Pelze liefern, so dass vielen von ihnen mitunter noch bei lebendigem Leib buchstäblich das Fell über die Ohren gezogen wird. Für keinen Menschen besteht irgendeine Notwendigkeit, einen Robbenpelz zu tragen – es gibt genügend andere Möglichkeiten, in eleganter Hülle aufzutreten, für die kein Tier leiden musste. Ein anderes Beispiel ist das *finning* der Haie. Dabei wird ein Hai gefangen, man schneidet ihm die Flossen ab, um ihn wieder ins Wasser zurückzuwerfen. Aus den Flossen lässt sich ein schmackhaftes Steak zubereiten, ein Hai ohne Flossen ist aber nicht mehr lebensfähig. Ob Haie leiden können oder nicht – diese Praxis ist vollkommen überflüssig, weil sie niemandem irgendeinen Nutzen bringt. Gerade diejenigen Leute, die sich in einem Restaurant ein Haiflossensteak leisten können – und also nicht gerade am Verhungern sind –, können auf viele andere gut schmeckende Speisen ausweichen, für die kein Tier verstümmelt wurde. Auch die Fleischesser unter uns müssen sich nicht in Askese üben, wenn sie auf den Verzehr seltener, bedrohter Tiere (beziehungsweise einiger ihrer Körperteile) verzichten, da ihnen genügend Alternativen zur Verfügung stehen. Ich muss nicht unbedingt eine Schildkrötensuppe essen, für die ein Exemplar einer vom Aussterben bedrohten Tierart sein Leben lassen musste – ich kann auf Rind- oder Leberknödelsuppe ausweichen. Auch Tigerhoden, angeblich eine besondere Delikatesse (in Korea blättert der Gourmet für eine Suppe mit Tigergenitalien umgerechnet etwa 250 Euro auf den Tisch), muss ich nicht probieren, weil ich andernfalls mein eigenes Wohlbefinden kaum nennenswert steigern, aber den Untergang einer ohnedies schon bedrohten Tierart beschleunigen würde.

Eine andere Frage in dem Zusammenhang ist, inwieweit Tiere zu Ausbildungszwecken – zum Beispiel beim Studium der Veterinärmedizin – getötet werden dürfen. Hier sollte gelten, was im nächsten Abschnitt noch für Tierversuche dargelegt wird. Nur wenn keine brauchbaren Alternativen verfügbar sind, sollten Tiere getötet werden. Wenn die Verwendung toter Tiere – etwa bei Operationsübungen – unverzichtbar ist, sollte zunächst an die Beschaffung von bereits gestorbenen Tieren gedacht werden (vgl. Binder und Lengauer 2006). Dabei bieten sich eingeschläferte Kreaturen ebenso an wie auf natürliche Weise verschiedene Haus- oder Wildtiere.

Die größeren Stämme und Klassen des Tierreichs (mit Angaben ungefährer Zahlen bekannter heutiger Arten). Es ist zu beachten, dass sich die allermeisten Tierarten unter den Wirbellosen finden. Debatten in der Tierethik konzentrieren sich in der Regel nur auf einen kleinen Ausschnitt aus dem großen «Kreis» der Tierwelt.

Schwämme	5000
Nesseltiere	9000
Plattwürmer	12 500
Rundwürmer	13 000
Schlauchwürmer	13 000

Ringelwürmer	17 000
z. B. Regenwürmer	
Gliederfüßer	über eine Million
Tausendfüßer	
Krebstiere	
Spinnentiere	
Insekten	
Weichtiere	140 000
Kopffüßer	
Muscheln	
Schnecken	
Stachelhäuter	8000
Seesterne	
Seeigel	
Seegurken	
Chordatiere (= Wirbeltiere im weitesten Sinn)	47 000
Fische	25 000
Amphibien	2500
Reptilien	6000
Vögel	9000
Säugetiere	4000

5.6
WELCHE RECHTE HAT DER MENSCH ÜBER TIERE?

Wilhelm Dietler, Professor für Logik und Metaphysik in Mainz, schrieb im Jahr 1787 Folgendes:

> Allen den Thieren, welche der Mensch in seine Gewalt gebracht hat, verschafft er durch seine Sorge Nahrung, Pflege und Schutz; ist es also ungerecht, von ihnen einige Gegendienste zu fordern? –

> Er vertheidigt sie gegen Feinde, füttert und traenkt sie, baut ihnen Staelle, bereitet ihnen Lager, pflegt sie, wenn sie gesund und krank sind; dagegen helfen sie ihm in seiner Arbeit, theilen mit ihm die Sorge für seine und ihre Sicherheit, oder liefern ihm von dem, was sie hervorbringen, und entbehren, ja ohne Ungemaechlichkeit oft nicht behalten können ...
> Wie der Mensch seinen Hausthieren Nothdurft und Bequemlichkeit verschafft, so tragen sie das ihre dazu bei, des Menschen Bedürfnisse zu befriedigen oder sein Vergnügen zu vermehren (zit. in Baranzke et al. 2000, S. 185; in diesem Werk finden sich noch weitere interessante Stellungnahmen aus der Vor- und Frühgeschichte der Tierethik).

Diese Zeilen klingen nicht unsympathisch, weil sie eine positive wechselseitige Beziehung zwischen dem Menschen und seinen Haustieren zum Ausdruck bringen: Der Mensch nutzt Tiere, bietet ihnen im Gegenzug Schutz und Betreuung.

Freilich bleibt der Mensch letztlich stets Herr über seine Haustiere, er entscheidet, zu welchem Zweck er sie halten will, wann sie, falls sie dazu bestimmt sind, geschlachtet werden. Wir dürfen davon ausgehen, dass jedes Lebewesen, das anderen in irgendeiner Form überlegen ist, diese seine Überlegenheit auch ausnützen wird. Es ist nicht zu erwarten, dass irgendeine Organismenart ihre Reproduktion zugunsten anderer Arten freiwillig einschränkt. Die Erwartung, dass ausgerechnet der Mensch auf andere Spezies Rücksicht nehmen und sie schützen wird, ist daher in gewissem Sinne paradox. Zieht man seine exponentiell steigende Individuenzahl und seine weltweite Verbreitung in Betracht, ist *Homo sapiens* eine ungewöhnlich erfolgreiche Spezies, übertroffen wohl nur von Ratten und verschiedenen Insektenarten. Während sich mittlerweile über sechs Milliarden Individuen seiner Spezies auf der Erde tummeln, beträgt die Zahl seiner nächsten Verwandten in freier Wildbahn insgesamt höchstens 360 000 (Sommer 2000). Wohlgemerkt, über sechs Milliarden Exemplaren *seiner* Art stehen bloß 360 000 Exemplare von *vier verschiedenen* Primatenarten (Schimpanse, Zwergschimpanse, Gorilla, Orang-Utan) gegenüber! Andererseits ist *Homo sapiens* auch die einzige Spezies, die andere Arten bewusst in ihre Obhut bringt, sie hegt und pflegt, sei es, weil er sich an ihnen – wie zum Beispiel an Goldhamstern – lediglich erfreut, oder weil sie ihm Nutzen bringen (als Helfer oder Nahrungslieferanten). Der moderne Mensch ist ohne seine Haustiere kaum denkbar.

Evolutiver Erfolg ist kein Kriterium für Moral. Allein wir Menschen haben – in den jüngsten Epochen unserer Stammesgeschichte – eine Moralfähigkeit entwickelt und befinden uns nun in der Situation, über unser eigenes Verhalten anderen Lebewesen gegenüber kritisch nachzudenken. Daher, so folgert Huxley (1966), sind wir der entscheidende Faktor der künftigen Evolution des Lebens auf unserem Planeten. Eine andere Frage ist, inwieweit wir uns dieser Rolle bewusst sind und welche Konsequenzen wir daraus ziehen. Im nächsten Kapitel werden noch einige Überlegungen dazu vorgestellt werden.

Welche Rechte also hat der Mensch über andere Arten? Nachdem das Töten von Tieren anhand einiger Beispiele breits diskutiert wurde, soll hier ein weiteres tierethisches Problem beleuchtet werden, nämlich das der *Tierversuche*. Verschiedene Tierarten mussten dem Menschen schon millionenfach als «Versuchskaninchen» dienen, und das Leid, das dabei über unzählige Tiere gebracht wurde, ist nicht quantifizierbar. Die Rechtfertigung für Tierversuche war und ist nach wie vor eine zweifache: einerseits wissenschaftliches Erkenntnisinteresse, andererseits Wohlergehen und Überleben des Menschen. Vor allem Hunde waren seit der Antike beliebte Versuchstiere (vgl. Oeser 2004). Sogar bei der Eroberung des Weltraums wurden sie eingesetzt. Bevor sich der Mensch selbst ins All wagte, wurden (in der Sowjetunion der

1950er Jahre) insgesamt zwölf Hunde, untergebracht jeweils in abgeschlossenen Kopfteilen der Raketen, in den Kosmos geschickt, um über den Einfluss hoher Geschwindigkeit und kosmischer Strahlung Auskunft zu erteilen. Der Mensch wollte also – nicht ganz unverständlich – das Risiko seines eigenen Unterfangens nicht selbst eingehen, sondern anderen Geschöpfen überlassen, die er allerdings für geeignet hielt, ihm wertvolle Informationen zu liefern.

Eine wichtige Rolle spielte auch immer wieder die *Vivisektion*, der Versuch an lebenden Tieren. Es ist nicht uninteressant, dass sich selbst Darwin, seiner Tierliebe zum Trotz und mit einiger Zurückhaltung, *für* die Vivisektion aussprach, da er davon überzeugt war, dass Experimente an lebenden Geschöpfen im Dienste des medizinischen Fortschritts – und somit zum Wohl der Menschheit – unverzichtbar seien (vgl. Bryant 1977, Wuketits 2005). Ähnlich argumentierten auch andere Biologen seiner Zeit. Der eminente französische Physiologe Claude Bernard (1813–1878) meinte, eine wissenschaftliche Physiologie oder Medizin sei ohne Tierversuche nicht möglich (vgl. Engelhardt 2000 b). Die ethischen Argumente, die von den Befürwortern der Tierversuche im 19. Jahrhundert (und zum Teil auch später) ins Treffen geführt wurden, laufen in der Hauptsache darauf hinaus, dass die Leiden des Menschen und sein Wissensdrang die Qualen der geopferten Tiere überwiegen.

In den letzten Jahren wird die Diskussion um Tierversuche sehr intensiv geführt, wobei sich unter Tierethikern ein breiter Konsens dagegen abzeichnet (vgl. z. B. Altner 1991, Wolf 2005). Nach meinem eigenen Dafürhalten sind Tierversuche in drei Bereichen moralisch unvertretbar:

1. In der Kosmetikindustrie, die lediglich für den Menschen verzichtbare Luxusgüter herstellt, für die kein Lebewesen geopfert werden sollte.

2. In der Militärindustrie, die grundsätzlich auf das Töten abzielt und durch keinerlei wissenschaftliche Experimente unterstützt werden dürfte.
3. In der Wissenschaft überall dort, wo vom Tierversuch keinerlei nennenswerte Erkenntnisse zu erwarten sind.

Ich spreche mich nicht grundsätzlich gegen Tierexperimente in der Biologie (zum Beispiel in der Verhaltensforschung) aus, zumal viele solcher Versuche den betreffenden Tieren keinen Schaden zufügen, ihrer Erhaltung aber dienen können. Vögel zu beringen, um später sehen zu können, wo sie landen und ob sie noch am Leben sind, widerspricht nicht tierethischen Grundsätzen. Im Gegenteil, hieraus können wichtige Einsichten über die Lebensweise von Tieren gewonnen werden, die für ihren Schutz unverzichtbar sind. Tierexperimente bedeuten nicht unbedingt Tierquälerei. Wenn freilich – im Extremfall – ein Mensch mit sadistischen Neigungen meint, unter dem Mäntelchen der Wissenschaft beliebige und beliebig grausame Tierversuche durchführen zu dürfen, dann ist er in der Wissenschaft fehl am Platz (siehe hierzu z. B. auch Wintersberger 1984).

Wie aber steht es um Tierversuche im Dienste der Medizin, wenn es beispielsweise darum geht, Medikamente zu testen, Reaktionen auf ungewöhnliche Belastungen des Organismus zu prüfen und so weiter? Hier wäre zu gewährleisten, dass die Versuchstiere möglichst keine Qualen erleiden. Darüber hinaus sollte stets nach Alternativen zum Tierexperiment gesucht werden. Wenn vergleichbare Ergebnisse etwa durch Computersimulation erzielt werden können, sollte auf Tierversuche verzichtet werden.

Andererseits erfordern Forschungen auf dem Gebiet der Xenotransplantation (Abschnitt 4.5) teils recht umfassende Tierversuche. Hier bleibt zu erwägen, wie realistisch die erfolgreiche Verpflanzung tierischer Organe auf den Menschen tatsächlich ist und welche Tiere als Versuchstiere im Dienste des Überlebens von Menschen sinnvollerweise eingesetzt werden sollen.

Altner (1985) hält Tierversuche für zulässig, wenn sie unter jeweils sorgfältigster Prüfung im Hinblick auf eine spezielle Fragestellung, die vorgesehene Tierart und die anzuwendende Methode durchgeführt werden und eines von zwei Zielen verfolgen:

- Erkenntnisgewinn, der dem Verständnis der Welt und der Existenz des Menschen dient.
- Erkenntnisgewinn, der das Leben von Menschen sichert und insbesondere hilft, Krankheiten abzuwehren, zu lindern oder zu heilen.

Diese Haltung ist nicht nur «vernünftig», sondern auch moralisch durchaus vertretbar. Sicher hat Wolf (2005) Recht, wenn er betont, dass Versuchstiere grundsätzlich keine *freiwilligen* Opfer bringen. Er weist aber auch darauf hin, dass manche militante Tierversuchsgegner in der Öffentlichkeit bloß den Eindruck erwecken wollen, Experimente an oder mit Tieren seien gleichbedeutend mit Tierquälerei. Dieser Eindruck aber wäre falsch. Schon Anfang der 1980er Jahre wurde betont, dass Tierversuche nicht schmerzhaft sein müssen, sondern an narkotisierten Tieren durchgeführt werden können (vgl. z.B. Gärtner 1983). Selbst ein vehementer Befürworter des Tierschutzes und der Tierrechte bemerkt Wolf (2005, S. 80f.), «daß die meisten Versuche und Beobachtungen völlig harmlos sind und daß bei problematischen Eingriffen meistens anästhesierende Mittel angewendet werden.»

Zusätzlich lässt sich argumentieren, dass manche Tierversuche schließlich den Tieren selbst helfen. Die Erprobung von Medikamenten oder Operationsmethoden an einigen

Schweinen ist sicher vertretbar, wenn in der Folge einer größeren Zahl von Schweinen geholfen werden kann. Das lässt sich natürlich auch auf andere Arten übertragen. Allerdings sprechen wir dabei immer nur von den so genannten höheren Tieren. Tausendfüßer, Spinnen und Krebstiere sind denn auch für die Veterinärmedizin nicht von Belang. Der Mensch ist bereit, jenen Tieren zu helfen, die für ihn eine emotionale oder wirtschaftliche Bedeutung haben oder sein ästhetisches Empfinden befriedigen. Experimente an Tausendfüßern mögen zwar auch einen gewissen Erkenntniswert haben – betreffend die Angehörigen dieser Tierklasse selbst –, werden aber kaum anderen Geschöpfen von Nutzen sein. (Es sei denn, man findet bei solchen Experimenten chemische Substanzen, die bei der Bekämpfung von Krankheiten anderer Lebewesen wirkungsvoll eingesetzt werden können.)

Abschließend soll hier noch folgender Aspekt kurz zur Diskussion gestellt werden. Mackie (1980) meint, dass das größte Leid, das wir Tieren zufügen, wahrscheinlich durch unser Bevölkerungswachstum verursacht wird. Das erscheint durchaus plausibel. Waren schon unsere steinzeitlichen Ahnen keineswegs Naturschützer, so ist der heutige Mensch mit seinen Großgesellschaften zum wahren Naturzerstörer geworden. Die systematische und großflächige Rodung von Lebensräumen, Massentierhaltung und umfassend angelegte Tierversuche (welchem Zweck sie auch immer dienen mögen) sind Begleiterscheinungen der ständig und rapide wachsenden Zahl der Individuen unserer Spezies. Dabei ist vor allem auch an landwirtschaftliche Monokulturen zu denken, die keine Vielfalt von Lebewesen dulden (vgl. S. 65). Bereits in Abschnitt 4.3 haben wir festgehalten, dass eine weiterhin exponentielle Vermehrung des Menschen für ihn selbst größte Gefahren darstellt. Das Leid, das wir durch unser ungebremstes Populationswachstum anderen Tieren zufügen, werden wir daher letzten Endes mit ihnen teilen, es sei denn, wir kommen weltweit (!) zur Besinnung.

So paradox dies nun klingen mag: Erst der zivilisierte, wirtschaftlich einigermaßen saturierte Mensch kann sich aktiven Naturschutz leisten (vgl. Mohr 1987). Das Paradox löst sich sofort auf, wenn man erkennt, dass wir andere Arten nur schützen können, wenn sie für uns keine Bedrohung mehr darstellen und nicht mehr ernsthaft mit uns zu konkurrieren imstande sind. Das ist erst seit relativ kurzer Zeit der Fall. Unser Steinzeitgehirn muss diesen Umstand allerdings noch «verkraften», und einsehen, dass wir, seine Träger sozusagen, uns eine Welt geschaffen haben, die sich von jener Welt grundsätzlich unterscheidet, in der wir alle, karg beschürzt und aufgeregt herumliefen, um uns eine Mahlzeit zu sichern (wobei die Moral naturgemäß dem Fressen weichen musste). Die sich allmählich durchsetzende Einsicht, dass wir über nichtmenschliche Lebewesen keine uneingeschränkten Rechte haben, ist so gesehen eine gewaltige Leistung unserer Kulturgeschichte, die allerdings noch bei weitem nicht vollbracht ist. Noch wissen wir selbst über viele Arten von Vögeln und Säugetieren zu wenig, um auf ihre Bedürfnisse eingehen zu können. Gerade dieses Nichtwissen aber sollte uns zur Vorsicht gemahnen.

Damit kommen wir zur ökologischen Ethik, die einen eigenen Teil der Bioethik darstellt, aber argumentativ durchaus an alles bereits Gesagte anschließt. Es geht im Allgemeinen um die Unterstützung und Förderung des Lebens, aber konkret wieder auch um die Frage, warum und unter welchen Umständen Leben geschützt werden soll. Allerdings betrachten wir nun nicht nur einzelne Lebewesen oder Arten von Lebewesen, sondern ganze Ökosysteme beziehungsweise Lebensräume.

Zusammenfassung des Kapitels

(1) Die Bioethik dehnt ethische Reflexionen auf nichtmenschliche Lebewesen aus und räumt Tieren einen moralischen Status ein. Unter den Millionen von Tierarten sind allerdings nur relativ wenige davon betroffen (vor allem Säugetiere und Vögel). Das sind im Allgemeinen diejenigen Arten, mit denen wir Menschen relativ eng verwandt sind und die uns daher auch emotional stärker ansprechen als andere (zum Beispiel Spinnen und Insekten).

(2) Tiere (vor allem Säugetiere und Vögel) sind empfindsame Wesen und keine Maschinen oder Sachen. Viele von ihnen haben Emotionen und sind leidensfähig. Die Leidensfähigkeit von Tieren ist der eigentliche Ansatzpunkt für die Tierethik.

(3) Viele Tiere sind für den Menschen nützlich. Der Mensch darf über sie aber nicht wie über Sachen verfügen. Er ist moralisch verpflichtet, seinen Nutztieren eine angemessene Entfaltung zu ermöglichen (artgerechte Tierhaltung), auch wenn sie ihm letztlich bloß als Nahrungslieferanten dienen.

(4) Die von einigen Tierethikern vertretene Position, der Mensch müsse auf den Konsum von Tieren und ihrer Produkte grundsätzlich verzichten, ist ebenso wenig realistisch wie ein allgemeines Tötungsverbot von Tieren.

(5) Auf Tierversuche sollte nach Möglichkeit verzichtet werden. Sie sind nur dann gerechtfertigt, wenn sie einen unbestreitbaren wissenschaftlichen Nutzen bringen und dazu beitragen, das Leiden von Menschen (und Tieren!) zu lindern.

6.
DER WERT UNSERER UMWELT

Wir müssen ... eine neue Ökologie entwickeln,
eine Ökologie der großen Aufgaben der menschlichen
Evolution. Dies bedeutet, daß wir ein neues Leitbild für
unsere Beziehungen zueinander und zur Umwelt
aufstellen werden – einschließlich der geistigen Umwelt,
die unser von uns selbst geschaffener Lebensraum ist.
Julian Huxley

6.1
NATUR FÜR SICH, NATUR FÜR UNS

Mit «Natur» verbinden viele Menschen grüne Wiesen mit bunten Blumen, die von emsigen Bienen umschwirrt werden, das kristallklare Wasser eines Gebirgsbaches, friedlich auf der Alm grasende Kühe, deren Fressgeräusche von lieblich zwitschernden Singvögeln übertönt werden ... Das sind idyllische Bilder, die allerdings nicht die Natur als solche widerspiegeln, sondern eine Natur, die der Mensch sich schuf und seinen emotionalen Bedürfnissen entgegenkommt, aber mit der Wirklichkeit nicht viel zu tun hat (vgl. Wuketits 1999 a). Die Natur ist kein paradiesischer Garten – und war es nie. Da geht es um die Sicherung von Ressourcen und die erfolgreiche Reproduktion (vgl. S. 25), kurz, um das Fressen und die Brut. Abgesehen davon gehen wir mit dem Naturbegriff oft sehr sorglos um, indem wir von *Naturlandschaften* sprechen, die aber in Wahrheit *Kulturlandschaften* sind. Mohr (1987) weist mit Recht darauf hin, dass etwa unsere mitteleuropäischen «Natur»-Landschaften vom Menschen gestaltete oder von ihm doch weitgehend beeinflusste Landschaften sind, die ihre Ursprünglichkeit längst verloren haben. Oder, wie Stieve (2002, S. 526) schreibt: «Ursprüngliche Landschaften finden wir in Mitteleuropa allenfalls noch im Gebirge oberhalb der Baumgrenze, soweit diese Gebiete nicht touristisch erschlossen sind.» Das gilt beispielsweise auch für weite Teile Nordamerikas. Die auf verschiedenen Kontinenten zu *Nationalparks* erklärten Territorien sind ebenfalls nicht «ursprünglich», da sie der Kontrolle durch den Menschen unterliegen. *Wildnis* wurde so zu einem Konstrukt, das einer alten Sehnsucht entspricht (Haila 1997), mit der Wirklichkeit aber nicht viel zu tun haben muss.

Bestimmt man *Ökologie* als die Lehre vom Haushalt der Natur, dann besteht die Aufgabe der *ökologischen Ethik* darin, Regeln für die sorgfältige Verwaltung dieses Haushalts zu finden, um ihn zu bewahren. Im Grunde genommen dient schon die Ökologie als solche «dem Selbstschutz des Menschen vor falscher Einschätzung und Verwaltung seiner Ressourcen, vor Selbstzerstörung» (Kinzelbach 1989, S. 12 f.). Ihre ethischen Implikationen wurden allerdings erst in neuerer Zeit erkannt. Während sich die Tierethik, wie wir im letzten Kapitel gesehen haben, in der Hauptsache mit Tieren als Einzelwesen beschäftigt und moralische Imperative reflektiert, die unser Handeln individuellen Tieren gegenüber bestimmen, ist die ökologische Ethik oder *Umweltethik* noch wesentlich breiter gefasst. Sie bewertet unsere Handlungen im Hinblick auf deren Auswirkungen auf die belebte und unbelebte Natur, wobei viele ihrer Vertreter betonen, Natur sei um ihrer selbst willen schützenswert *(Biozentrismus)* und nicht (nur) im Hinblick auf die Belange des Menschen

(Anthropozentrismus) (zur Übersicht siehe z. B. Eser 2003). Die ökologische Ethik, wie sie heute betrieben wird, hat in den 1960er und 1970er Jahren erste, klare Konturen angenommen, durch Arbeiten von Konrad Lorenz (vgl. z. B. Lorenz 1973), Carson (1987) und anderen, die erkannten, dass der Mensch einen unverzeihlichen Raubbau an der ihn umgebenden Natur betreibt, der sich letztlich auf ihn selbst katastrophal auswirken muss. Da nun aber der Mensch selbst Teil der Natur ist und sich nicht aus der Natur hinauskatapultieren kann, ist eine Grenzziehung – «hier Mensch, dort Natur» – nicht möglich. In dem Maße, in dem der Mensch seine natürliche Umgebung schützt, schützt er auch sich selbst: Naturschutz ist Menschenschutz (Wuketits 2003 b). Alle Entscheidungen, die wir in Bezug auf unsere Umwelt treffen, reflektieren letzten Endes unsere eigenen Ziele.

Mein Hauptargument in den folgenden Abschnitten wird sich vielfach auf den Anthropozentrismus stützen. Das heißt, der Mensch ist, im Gegensatz zu einer lang gehegten Vorstellung, zwar *nicht* Mittelpunkt der Natur, «Krone der Schöpfung» oder Gipfelpunkt der Evolution, aber Naturschutz lässt sich auf der Grundlage seiner eigenen elementaren Überlebensinteressen wahrscheinlich am besten begründen.

Julian Huxley (1887–1975), der große Biologe und Humanist in der Tradition Darwins und seines Großvaters Thomas H. Huxley (S. 105), meinte, zu den wesentlichen Zielen des menschlichen Lebens gehöre «die Erhaltung aller Quellen reinen Staunens und Entzückens, wie sie eine schöne Landschaft, wilde Tiere in Freiheit oder unberührte Natur bilden» (Huxley 1964, S. 33). Natur für uns, Natur für sich – das sind also eng miteinander verbundene «Naturbegriffe». Auch Altner (1991) meint, die Frage, was Natur ist, sei mit der Frage, was Natur dem Menschen bedeutet, untrennbar verbunden. Wir dürfen aber in die Natur – unsere eigene und die uns umgebende – keine romantischen Vorstellungen projizieren. Einer ökologischen Ethik, die mit idyllischen Naturbildern operiert, wird kein Erfolg beschieden sein. «Ein harmonisches Verhältnis zwischen Mensch und Natur darf nicht mit einem romantisch verklärenden oder einem mystischirrationalen Verhältnis zur Natur verwechselt werden» (Birnbacher 1980, S. 134). Ein solches Naturverhältnis hilft weder uns noch der uns umgebenden Natur.

6.2 NATUR UND VERANTWORTUNG

Wir sind für die Natur verantwortlich – das wurde in den letzten Jahren und Jahrzehnten schon so oft gesagt, dass es manche vielleicht nicht mehr hören können oder wollen, zumal es sich dabei, vor allem, wenn es aus dem Munde von Politikern kommt, meist um leere Worthülsen handelt. Was sollte es für uns auch bedeuten, für die Natur verantwortlich zu sein? Die Natur bahnt sich auf jeden Fall ihren Weg, sie ist nicht auf uns Menschen angewiesen, nimmt aber auch – wie die Naturkatastrophen verdeutlichen – keine Rücksicht auf unsere Bedürfnisse. Um die Natur müssen wir uns also keine Sorgen machen, Sorge bereiten sollte uns vielmehr unser eigenes Leben und Überleben, das allerdings von der uns umgebenden Natur abhängig ist.

Wie jeder anderen Spezies steht es auch *Homo sapiens* zu, natürliche Ressourcen zu nutzen. Das ist keine Frage der Moral, sondern lediglich eine des Überlebens. Mittlerweile ist es allerdings mit Händen zu greifen, dass gerade diese «weise» Spezies die natürlichen Ressourcen ausbeutet oder jedenfalls auf sehr unkluge Weise nutzt. Während wir uns in der Hoffnung wiegen, mittels Gentechnik die Ernährungsprobleme in der Welt lösen zu können (S. 65), zerstören wir gleichzeitig

Ressourcen, welche ohnehin vorhanden sind. Um hier nicht zu sehr ins Theoretische zu gehen, führe ich ein von Wilson (1996) diskutiertes Beispiel an (siehe auch «Beispiele» auf S. 147 f.). Im Amazonasfluss lebt eine Gattung von Süßwasserschildkröten, deren sieben bekannte Arten eine von der einheimischen Bevölkerung sehr geschätzte Nahrungsquelle sind. Einige dieser Arten sind inzwischen jedoch vom Aussterben bedroht. Der Grund dafür ist die zunehmende Besiedlung der Amazonas-Ufer. Diese Schildkröten wären leicht zu züchten. Sie sind sehr fruchtbar, ihre Jungtiere wachsen schnell heran. Eine der Arten erreicht fast einen Meter Körperlänge und wiegt bis zu 50 Kilogramm. Sie wäre bei minimalem Kostenaufwand in den Flussauen zu halten. Es handelt sich dabei um ein sehr genügsames Tier, das relativ wenig Raum und Nahrung benötigt, mit Wasserpflanzen und Früchten gefüttert werden kann. Pro Jahr und Hektar würde sie 25 000 Kilogramm Fleisch liefern – das 400fache des Ertrages, den Rinder auf einer Weide, für die Regenwald gerodet wird (!), erbringen. Nebenbei gesagt verursachen Rinder größere Umweltschäden als Schildkröten. Warum also wird die Arrauschildkröte, so ihr Name, nicht gezüchtet, nicht Rindern vorgezogen? Die Antwort darauf liefert eine einseitig ausgerichtete Agrarindustrie, deren Protagonisten keine Rücksicht nehmen auf die Umwelt, nur kurzfristiges Profitdenken im Kopf haben, Artenvielfalt und ihre Bedeutung nicht kennen und sich nicht vorstellen können, dass andere als die bekannten Nutztiere wertvolle Nahrungsressourcen liefern könnten. Wilson (1996, S. 358 f.) schreibt Folgendes dazu:

> Die Geschichte der Viehzucht verlief nicht minder planlos wie die der Landwirtschaft. Wie die Kulturpflanzen setzt sich auch unser Stall- und Herdenvieh größtenteils aus den Tierarten zusammen, die unsere … Vorfahren erstmals vor 10 000 Jahren in

den Gemäßigten Zonen Europas und Asiens domestizierten. Sie haben uns eine kleine Auswahl Huftiere vermacht: Pferde, Rinder, Esel, Kamele, Schweine und Ziegen, die für die meisten Habitate der Erde ungeeignet sind und die natürliche Umwelt oft schwer schädigen. In vielen Fällen liefern diese Arten auf lokaler Ebene einen niedrigeren Ertrag als die Wildarten, die der Mensch vernachlässigt hat.

Aber er hat sie nicht nur vernachlässigt, sondern hat ihren Wert – für ihn selbst – überhaupt nicht erkannt, sie an den Rand des Aussterbens gedrängt oder ausgerottet (Wuketits 2003 a). Verantwortung für die Natur ist so gesehen keine leere Floskel, sondern ein (moralischer) Imperativ, der direkt mit unserem eigenen Leben und Überleben verbunden ist. In dem Maße, in dem wir für die uns umgebende Natur Verantwortung übernehmen, übernehmen wir Verantwortung für uns. Diese Überlegungen sind auch für den Artenschutzgedanken von Bedeutung (Abschnitt 6.4).

Die mehrfach erwähnte Sympathie, die der Mensch für manche Arten hat, führt freilich zu einer einseitigen Bevorzugung und Unterstützung bestimmter Tiere bei gleichzeitiger Vernachlässigung anderer. Es wäre töricht, zu erwarten, dass der Mensch für *die Natur* Verantwortung übernehmen und sich über eine ausgestorbene, nur wenigen Zoologen bekannte Käferart im Amazonasgebiet genauso aufregen wird wie über das Aussterben ihm bekannter, sympathischer oder gar nützlicher Arten. Im Naturganzen aber gibt es keine bevorzugten Spezies; ein Singvogel, dessen Melodien uns erfreuen, ist nicht mehr wert als ein im Verborgenen lebender Lurch, der den meisten von uns, würden wir ihn bemerken, auch gar nicht sympathisch wäre. In Österreich wurden vor einiger Zeit wieder Braunbären angesiedelt; eine Bärin, die gerade Junge hatte, wurde vor ein paar Jahren von einem Auto überfahren und getötet. Die Bärenjungen verbrachten den kommenden Winter allein. Die ganze Nation hielt im nächsten Frühjahr den Atem an: Haben sie überlebt? Als sie endlich gesichtet wurden, trat eine gewisse Beruhigung ein, wozu die Medien das Ihre beitrugen. Hätte es sich um eine Spinnen- oder Käferart gehandelt, dann wäre natürlich niemand beunruhigt gewesen und die Medien hätten nicht berichtet. Das alles ist verständlich, hat aber wenig zu tun mit Verantwortung für die Natur, die eben mehr bedeutet als unsere Freude über das Weiterleben von niedlichen Bären. (Worüber Imker übrigens weniger begeistert sind.) Die uns umgebende Natur als *Systemganzes* zu sehen – das liefert die Grundlage zu einer umfassenden ökologischen Ethik. Wir benötigen beides: Die Kenntnis einzelner Organismenarten (ihres Verhaltens und ihrer Bedürfnisse) und die Kenntnis der Rolle, die sie in übergeordneten ökologischen Systemen spielen.

Beispiele für weitere (zum Teil bedrohte) Wildtiere, die sich zur Zucht eignen würden (nach Wilson 1996)

Grüner Leguan (Tropisches Amerika)
Seit Jahrtausenden traditionelle Nahrungsquelle der Eingeborenen (niedrige Zuchtkosten, rasches Wachstum)

Guane (Mittel-, Südamerika)
Zahlreiche Vogelarten («Tropenhühner»), leben in dichten Populationen, wachsen rasch und wären domestizierbar

Flughuhn (Wüsten Afrikas und Asiens)
Pinguinähnliche Vögel, angepasst an die unwirtlichsten Wüsten und (möglicherweise) domestizierbar

Gaur (Südasien)
Bedrohter Verwandter unserer Hausrinder

Guanako (Südamerika)
Bedrohter Verwandter des Lamas, potentiell profitables Zuchttier (ausgezeichneter Lieferant von Fleisch, Fell und Häuten)

Vikunja (Südamerika)
Bedrohter Verwandter des Lamas, hochwertiger Fleischlieferant

Wasserschwein (Südamerika)
Größtes lebendes Nagetier, sehr guter Fleischlieferant, leicht zu züchten

Zwergwildschwein (Indien)
Stark bedrohte Säugetierart, potentieller Lieferant neuer Gene für das Hausschwein

---

6.3 UMWELT, MITWELT

Dass unsere Umwelt gleichzeitig unsere Mitwelt sei, ist ein trivialer Gedanke – jedenfalls aus evolutionstheoretischer Sicht. Wir Menschen sind das Ergebnis einer langen Kette von Prozessen, die sich sozusagen jenseits von Gut und Böse abgespielt haben. Aber wir sind mit allen heute existierenden Arten in abgestufter Form verwandt. Diese Verwandtschaft kann – oder sollte uns jedenfalls – nicht gleichgültig sein. «Der Mensch besteht viel zu sehr aus Natur und ist viel zu sehr von Natur abhängig, als dass er sie als reines Gegenüber betrachten könnte» (Sachsse 1976, S. 48). Wir dürfen uns aber keine Illusionen machen. Eine «Partnerschaft» mit der uns umgebenden Natur ist, aus mehrfach erwähnten Gründen, nur teilweise möglich. Außerdem dürfen wir vermuten, dass wir unsere Existenz als Gattung nicht zuletzt dem Aussterben anderer Gattungen verdanken. Wären die Dinosaurier seinerzeit, vor über 60 Jahrmillionen, nicht ausgestorben, dann wären die Säugetiere wohl stets in ihrem Schatten geblieben und wir wären nie aufgetreten (vgl. z.B. Wuketits 1999 a). Das ist nicht so zu verstehen, dass die Saurier ausgestorben sind, *um* den Säugetieren und schließlich uns Menschen Platz zu machen. Es hätte alles auch ganz anders kommen können, die Evolution kennt keine Absichten und Ziele. Gemeint ist damit, dass der Natur jeglicher «Partnerschaftsgedanke» fremd ist. Arten entstehen und vergehen, die Evolution bedeutet ständigen Wandel, und da gehört das Aussterben (von Arten und Gattungen) dazu. Warum also sollte der Mensch die ihn umgebende Natur als Partner erleben? Allerdings ist er offenbar das einzige der heute existierenden Lebewesen, das seine stammesgeschichtliche Verbundenheit mit den anderen Kreaturen zu erkennen vermag und imstande ist, deren Bedeutung *für sich* zu reflektieren.

Von keinem Menschen ist zu erwarten, dass er Stechmücken, Nacktschnecken, Klapperschlangen und Krokodile als seine Partner erkennt oder anerkennt. Auf der anderen Seite haben wir Menschen aufgrund unserer Bevorzugung bestimmter Arten sozusagen eine Asymmetrie in der uns umgebenden Natur verursacht und manchen Spezies eine Vermehrungsrate erlaubt, die sie sonst wohl nie erreicht hätten. Ein Beispiel sind Schwäne. Vor allem aber durch die Verschleppung von Arten in von ihnen ursprünglich nicht bewohnte Regionen wurden regelmäßig ökologische Katastrophen verursacht. Als auf verschiedenen Karibik-Inseln der indische Mungo zur Rattenbekämpfung ausgesetzt wurde, war die Katastrophe programmiert. Mungos fressen nicht nur Ratten, sondern tun sich auch an kleineren Reptilien und Säugetieren gütlich. Unter ihrem Einfluss kam die Fauna auf den fraglichen Inseln ins Wanken.

Meyer-Abich (1997) meint, dass wir den Tieren und Pflanzen, mit denen wir leben, Dank schulden. Er schreibt aber auch, dass wir unseren Respekt vor ihnen am besten dadurch ausdrücken, dass «wir sie nicht mit schlechtem Gewissen hinunterwürgen, sondern sie so festlich zubereiten, wie wir es vermögen» (S. 428). Jeder Gourmet unter uns wird damit einverstanden sein, aber hungrige und hungernde Menschen in der Dritten Welt sehen die Sache wohl etwas anders. Die würgen kein Essen – was auch immer ihnen ab und an gegönnt ist, eine Schale Reis oder ein Brathuhn – mit schlechtem Gewissen hinunter, sondern essen alles, was sie zwischen die Zähne kriegen mit einiger Freude (schließlich geht es ihnen dabei um das nackte Überleben). Auch für diese Menschen ist ein gutes Essen ein Fest – aber kaum deshalb, weil sie dabei dem verzehrten Huhn Respekt zollen, sondern weil es ihnen gegönnt ist, zu überleben.[9] Ethische Imperative müssen eben immer die jeweils spezifische Lebenssituation der Menschen berücksichtigen.

6.4
WOZU ARTENSCHUTZ?

Führen wir uns noch einmal die bereits auf S. 110 erwähnte Tatsache vor Augen: Seit vielen Jahren spielt sich, von den meisten von uns unbemerkt, in der Natur ein Massenaussterben ab, wie es auf unserem Planeten seit vielen Jahrmillionen nicht mehr vorkam und vielleicht gar einmalig ist. Das *Aussterben* von Arten und ganzen Organismengruppen ist ein in der Evolution, wie gesagt, durchaus «normaler» Vorgang, nie zuvor aber war *eine* Art eine derart gewaltige Bedrohung für die anderen Spezies wie heute *Homo sapiens*. Das ist das Neue und Einmalige an der derzeitigen Situation (vgl. Potts 1996). Die Biodiversität (S. 110) ist unter dem Einfluss des Menschen ernsthaft bedroht.

Worin aber liegt hier eigentlich das Problem? Zu den meisten Tierarten haben wir keine Affinität (wir kennen sie gar nicht), und das für die Tierethik so entscheidende Kriterium der Leidensfähigkeit (S. 107) ist auf viele Spezies nicht anwendbar. Dazu kommt, dass uns nur relativ wenige Arten emotional und ästhetisch ansprechen. Natürlich sind wir heute alle dafür, dass beispielsweise der Große Panda oder Bambusbär, der Eisvogel und der Storch ebenso vor dem Aussterben bewahrt werden wie etwa Nashörner, Igel und Tiger. Diese Tiere «sprechen uns an», jedes auf seine Weise, erscheinen uns, je nachdem, als anmutig oder «putzig» oder haben ihre Bedeutung in der Kulturgeschichte.

Warum aber sollen wir Insekten schützen? So mancher von uns könnte sich ein Leben ohne Insekten sicher gut vorstellen und würde jedenfalls auf Stechmücken, Fliegen, Wanzen, Läuse, Flöhe und Motten gern verzichten. Schmetterlinge wiederum regen unser ästhetisches Empfinden positiv an (nicht so ihre Raupenstadien, die im Allgemeinen als widerlich empfunden werden), und auch Marienkäfer und Bienen, insbesondere Honigbienen, finden unsere Akzeptanz, letztere freilich wegen ihrer Nützlichkeit. Als Ganzes allerdings ist uns das gewaltige Heer der Krabbeltiere – knapp eine Million bekannter Spezies – durchaus lästig oder zumindest gleichgültig. Dennoch: Insekten sind ökologisch unverzichtbar. Nach Wilson (1996) würden wir Menschen ihr plötzliches völliges Verschwinden wahrscheinlich nur um einige Monate überleben, weil die Oberfläche der Erde ohne diese Tierklasse buchstäblich verfaulen würde. Denkt man allein an die enge Verbindung von Insekten mit Blütenpflanzen, so erscheint diese Vermutung sehr plausibel.

Damit gewinnt die Frage, warum wir Arten schützen sollen, sozusagen an praktischer Bedeutung für uns Menschen. Wilson (1996, 2002) zeigt anhand zahlreicher Beispiele, welche Bedeutung die Artenvielfalt vor allem im Bereich der Medizin und Pharmazie für uns hat. Jede Organismenart, tierischer oder pflanzlicher Natur, ist das Ergebnis langer stammesgeschichtlicher Prozesse, in deren Verlauf sie manche harte Bewährungsprobe zu bestehen hatte:

> Dem pharmakologischen Reichtum wild lebender Arten liegt eine evolutionäre Logik zu Grunde. Alle Organismenarten haben im Laufe der Evolution chemische Substanzen entwickelt, um das Wachstum von Krebszellen in ihrem Körper einzudämmen, Parasiten abzutöten und Feinde abzuwehren ... Abermillionen von Arten haben sich über geologische Zeiträume hinweg aus dem Leben und Sterben unendlich vieler Organismen herausgebildet, und aus ihnen sind die heutigen Gewinner der Mutations- und Selektionslotterie hervorgegangen (Wilson 2002, S. 147 f.).

Dieser «evolutionäre Erfahrungsschatz» ist für uns unverzichtbar. Antibiotika, fiebersenkende Medikamente, schmerzstillende Mittel, Antidepressiva, Diuretika und vieles mehr verdanken wir der vielfältigen chemischen «Komposition» der Arten. Jede Spezies, die wir also durch unsere Unachtsamkeit oder durch unseren Raubbau an der Natur verlieren, kann eine Beschränkung unserer eigenen Lebens- und Überlebenschancen bedeuten.

Bar jeder Naturromantik lassen sich demnach anthropozentrische beziehungsweise ökonomische Argumente anführen (siehe z. B. auch Norton 1987, Wuketits 1996, 2003 a). Biodiversität ist eine für uns unverzichtbare Ressource. Selbst Lebewesen, die weder unsere emotionalen oder ästhetischen Bedürfnisse befriedigen noch das Kriterium der Leidensfähigkeit erfüllen, können sich als wertvoll (für uns) erweisen. Eine eben erst ausgestorbene, unbekannt gebliebene, Tierart trug in sich vielleicht Wirkstoffe gegen Krebs, gegen rheumatische Erkrankungen oder gegen AIDS. Es ist *unsere* Tragik, und nicht die der betreffenden Art, wenn wir das nicht rechtzeitig bemerkt haben.

Mit dem hier vorgetragenen anthropozentrischen Argument müssten sich allerdings auch «Biozentriker» anfreunden können. Denn letztlich kommt es auf den Effekt an: Ob die Artenvielfalt um ihrer selbst willen oder zum Nutzen des Menschen bewahrt wird, bleibt sich gleich. Einzelne Menschen, wie Albert Schweitzer, mögen aufgrund ihrer persönlichen metaphysischen Überzeugungen eine Ehrfurcht vor allen Lebewesen – unabhängig von ihrem Nutzen für den Menschen – gespürt haben, aber eine solche (subjektive) Intuition für den «Wert allen Lebens» lässt sich ethisch so wenig generalisieren, wie man beispielsweise auch Enthaltsamkeit oder ein frei gewähltes Leben in Armut nur sehr wenigen Menschen zumuten und daher ethisch nicht verallgemeinern kann. Natürlich kann man auch anders argumentieren: «So wenig wir das Recht haben, menschliche Individuen zu beeinträchtigen, so wenig haben wir das Recht, Arten als ... historische Individuen zu vernichten» (Gorke 2000, S. 150). Da jedoch für die Bewahrung von Arten, die keinen (ökonomischen, emotionalen oder ästhetischen) Nutzen für den Menschen erkennen lassen, nicht so leicht zu argumentieren ist (vgl. Ehrenfeld 1976), werden, eingedenk unserer egoistischen Neigungen (vgl. S. 25), Artenschutz und im Weiteren eine ökologische Ethik als Ethik des Bewahrens um so wirkungsvoller sein, je besser es gelingt, «ökonomische und psychologische Anreizstrukturen auf das sichere, weil naturgeschichtlich gewachsene anthropologische Fundament des Eigeninteresses zu gründen» (Voland 1999b, S. 46). Auf Ideale bezogene Normen rekurrieren auf die Vortrefflichkeit des Menschen und seiner Tugenden oder wollen Werte unabhängig von Wünschen beziehungsweise Interessen empfindungsfähiger Wesen erhalten. Hingegen leistet man der Begründung einer ökologischen Ethik bessere Dienste, wenn man ihre Normen auf Wünsche oder Interessen bezieht, die Umweltschutz als Mittel zur Erhaltung und Verbesserung der Lebensqualität (des Menschen und anderer Lebewesen) fordern (Birnbacher 1982).

Ausdrücklich zu warnen ist daher vor einer *Ökodiktatur* (siehe Weizsäcker 1989). So wie Diktaturen im Allgemeinen – die Geschichte sollte es uns gelehrt haben – viel Leid über Menschen bringen, indem sie diese elementarer Bedürfnisse (Gefühl von Freiheit und so weiter) berauben, so würde auch eine «ökologische Unterdrückung» niemanden glücklich machen. Diktaturen haben ihrem totalitären Auftreten immer moralische – oder vermeintlich moralische – Gründe vorgeschoben, und es geht ihnen stets um die absolute Durchsetzung dessen, was als «Wahrheit» behauptet wird. Auch in demokratischen Staaten ist heute eine schnell wachsende Zahl von Geboten und Verboten erkennbar. Staaten neigen grundsätzlich dazu, ihre Bürger zu «domestizieren». Daher ist auch ihre Versuchung groß, «von oben festzulegen, was Bürger ‹um der Umwelt willen› tun und lassen müssen. Experten für ‹Lebensqualität› könnten ... definieren, was für Bedürfnisse befriedigt werden dürfen» (Weizsäcker 1989, S. 268). Damit ein solches düsteres Szenario nicht Wirklichkeit wird, sind wir alle aufgefordert, rechtzeitig eigene Initiativen zu ergreifen und mit den natürlichen Ressourcen sparsam umzugehen, um potentiellen Diktatoren keinen Vorwand zur Durchsetzung totalitärer Maßnahmen zu liefern. Das ist freilich in erster Linie eine Frage der Bildung. Auf eine einfache Formel gebracht: Je mehr Menschen tiefe Einsichten in ökologische Probleme gewinnen und diesen Einsichten zufolge handeln, desto geringer ist die Gefahr einer «ökologischen Kontrolle von oben», die allenthalben nur die ganz wenigen glücklich machen würde, die die Kontrolle selbst ausüben. (In jeder Diktatur sind nur der Diktator und seine Handlanger zufrieden.)

6.5
ZUKUNFT DER NATUR, ZUKUNFT DES MENSCHEN

In dem Maße, in dem wir die Zukunft der Tiere (und Pflanzen) behindern, engen wir unsere eigenen Chancen für die Zukunft ein. Die ökologische Ethik erweist sich mithin als ein Zukunftsprojekt des Menschen, das alle seine bisherigen Projekte an Bedeutung weit übertrifft. Zwar können wir längst auf den Mond fliegen, Satelliten um die Erde kreisen lassen und Funksignale ins Weltall entsenden (mit der durch nichts begründeten Hoffnung, Antwort «von da draußen» zu bekommen), aber das alles nimmt sich vergleichsweise lächerlich aus gegen die Bewältigung der Probleme, die hier, auf der Erde, anstehen. Die Natur ist – für uns – eine begrenzte Rohstoffquelle (Göller 1982), sie steht uns nicht beliebig und für alle Zeiten zur Verfügung. Die meisten Vertreter unserer Politik und Wirtschaft sehen das anders, ihnen geht es nur um kurzfristigen Profit, um die Vermehrung von – kurzfristiger – Macht, und obendrein sind ihnen wissenschaftliche Erkenntnisse im Allgemeinen ziemlich gleichgültig, es sei denn, sie dienen unmittelbar der Umsetzung politischer und ökonomischer Interessen. Wenn der Schein nicht trügt, vertreten – jedenfalls in Deutschland und Österreich – selbst die grünen Parteien den «ökologischen Gedanken» nicht mehr mit der Vitalität, mit der sie einst als «Ökoparteien» angetreten waren.

Was also bleibt zu tun? Meyer-Abich (1997) mahnt, nach ausführlichen Darlegungen der «Naturzugehörigkeit des Menschen», eine Würde der natürlichen Mitwelt ein. Nachdem aber schon «Menschenwürde» ein problematischer Begriff ist (siehe Abschnitt 4.2), ist die «Würde der natürlichen Mitwelt» eine Floskel, die erst mit Inhalt gefüllt sein will. Aber welchem? Einem Löwen, Leoparden, Eisbären oder

Adler mögen wir ja Würde zuerkennen, in Anbetracht einer Nacktschnecke oder eines Regenwurms von Würde zu sprechen mutet aber doch – die meisten von uns – etwas lächerlich an. Diese Tiere als Mitgeschöpfe zumindest theoretisch zu akzeptieren mag ja noch angehen, sie aber als schützenswert zu betrachten ist nicht jedermanns Sache. Niemand will Nacktschnecken in seinem Garten haben, jeder setzt alles daran, diese ekelhaften Tiere loszuwerden (wozu man beispielsweise ein paar Enten mieten kann). Bei den Regenwürmern verhält es sich ein wenig anders, wenn man einmal ihre Nützlichkeit erkannt hat, aber trotzdem ... Wenn wir bestimmten Tieren – etwa aufgrund ihrer eindrucksvollen Erscheinung – «Würde» beimessen, dann ist das bloß ein Wort, das noch viel weniger besagt als «Menschenwürde». Für eine ökologische Ethik ist Würde kein sinnvoller Ausgangspunkt. Dagegen dürfte leichter einzusehen sein, dass unsere eigene Zukunft von der Zukunft der uns umgebenden Welt abhängt.

Wir sind auf die natürlichen Ressourcen angewiesen, wir haben nur diesen einen Planeten, der unser Heimatplanet ist, der uns eine schier ungeheure Fülle von materiellen, emotionalen und ästhetischen Ressourcen bietet, mit denen sorgsamer als bisher umzugehen in unserem eigenen Interesse dringend geboten ist. Wir können nur hier auf der Erde leben – der Kosmos bietet sich uns nicht als Fluchtraum an (Giese 1989). Eine verfehlte Bildungspolitik im Zusammenhang mit der nach wie vor beliebten Auffassung, dass der Mensch der Beherrscher der Welt sei, führt allerdings dazu, dass vielen von uns «Natur» in ihrer Vielfalt kaum noch zugänglich ist. Naturschutz – ja, gewiss, alle sind dafür (dagegen zu sein wäre heute auch nicht «salonfähig»), doch wie kann man aktiv zum Naturschutz beitragen, wenn man nicht weiß, was da eigentlich geschützt werden soll. Wie Kinzelbach (1989, S. 148) schreibt:

Wie sollen Menschen kompetent über das Schicksal ihrer natürlichen Umwelt entscheiden, die dauernd Tanne und Fichte verwechseln oder Malaria für eine Margarinemarke halten. Es ist eben *nicht* gleichgültig, welche Pflanzen an einer bestimmten Stelle wachsen. Es bleibt *nicht* folgenlos, wenn sie verschwinden. Falsche oder Fehlen von Arten im Ökosystem stellen seine Funktion in Frage. Auch hier entscheidet das Detail.

Statt also von «Würde» unserer Mitwelt zu reden, sollten wir uns besser vergegenwärtigen, welche Arten überhaupt zu unserer Mitwelt zählen und was sie und ihre Erhaltung für uns bedeuten. Statt uns in romantischen Naturbildern zu verlieren, sollten wir sehen, was sich in der Natur tatsächlich abspielt und welche Bedeutung das «Spiel der Natur» für uns hat.

Die Naturzerstörung ist gewiss keine «Erfindung» der westlichen Zivilisation – schon der prähistorische Mensch hat seine natürliche Umwelt empfindlich gestört (vgl. z. B. Wuketits 2003 a) –, neu ist allerdings das Ausmaß der Zerstörung; Kettensägen, Planierraupen und Schnellfeuerwaffen gibt es erst seit sehr kurzer Zeit, und mit ihrer Hilfe richtet der Mensch heute ungleich mehr an als seine Ahnen je anzurichten imstande waren. Unsere reichen Industrieländer geben Unsummen für militärische Rüstung aus, verspekulieren gewaltige Geldbeträge an den Börsen und investieren Millionen von Dollar beispielsweise in Projekte zur Kontaktaufnahme mit außerirdischen Intelligenzen (ein zwar interessantes, aus unterschiedlichen Gründen aber sinnloses Unterfangen).

Es ist schwer einzusehen, warum nicht ein Teil dieser Beträge in die Erhaltung der Biodiversität fließen soll, die – *im Gegensatz* zu militärischen Vorhaben, Börsenspekulationen und der Suche nach Außerirdischen – unser aller Lebensgrundlage bildet.

Zugegeben, das ist sehr allgemein gesagt, und jeder Versuch, die Biodiversität zu bewahren, wirft konkrete Fragen auf. Sollen wir eine bestimmte Auswahl (von Arten) treffen und Prioritäten setzen? Wenn ja, welche? Gibt es so etwas wie «absolute Schutzkriterien»? Soll man Arten in erster Linie aufgrund ihrer Nützlichkeit (für den Menschen) schützen oder weil sie für die Biologie besonders interessant oder beim «Publikum» sehr beliebt sind? (Siehe hierzu z. B. Shrader-Frechette und McCoy 1994.) Allgemein verbindliche Antworten auf diese Fragen kann es kaum geben. Da wir von vielen Arten nur geringe Kenntnisse haben und die Mehrzahl von ihnen, wie bereits bemerkt wurde, noch gar nicht kennen – und daher auch nicht imstande sind, ihren «Wert» abzuschätzen –, müsste das Grundprinzip der ökologischen Ethik lauten: *Schutz von Lebensräumen.* Manche Autoren argumentieren, dass Ökosysteme in ethischen Überlegungen ohnehin eine größere Beachtung verdienen als individuelle Organismen (vgl. z. B. Buege 1997). Das ist plausibel, denn mit dem Schutz von Lebensräumen ist sozusagen automatisch gewährleistet, dass viele Arten – auch solche, über deren Bedeutung wir noch im Unklaren sind – bewahrt werden. Da aber kein Ökosystem ohne Arten existiert und keine Art außerhalb von Ökosystemen lebt, sind Artenschutz und Schutz von Lebensräumen eng miteinander verzahnt und können nicht auf zwei Schienen betrieben werden.

Allerdings wäre es verfehlt, uns Illusionen zu machen. Viele Lebensräume auf unserem Planeten sind bereits in einem solchen Maße zerstört, dass Appelle einer ökologischen Ethik nicht mehr viel nützen. Auch der Bestand vieler Tierarten ist dermaßen geschrumpft, dass sie sich kaum noch erholen werden. Eines von vielen Beispielen ist der Sibirische Tiger, eine besonders imposante Unterart einer an sich schon beeindruckenden Großkatze. Als Resultat von ständiger Wilderei war seine Population in freier Wildbahn bereits vor zehn Jahren auf 450 Individuen zusammengeschrumpft und seine Zukunft sieht entsprechend düster aus. Allerdings gibt es in den Zoos wohl schon mehr Exemplare als in freier Natur, und dort liegen wahrscheinlich auch seine Überlebenschancen. Radikale Tierbefreier würden zwar am liebsten alle Tiere aus den zoologischen Gärten in die «Freiheit» entlassen. Bei nüchterner Betrachtung erkennen wir jedoch, dass die Zoos für manche Tierarten (beispielsweise auch für den Großen Panda) den letzten Zufluchtsort bieten und im übrigen einen unverzichtbaren Beitrag für die naturkundliche Bildung leisten.[10]

Natur – die Bewahrung von Natur – ist also zur Kulturaufgabe geworden. Eine Kultur aber, die diese Aufgabe nicht wahrnimmt oder dabei versagt, wird sich selbst zerstören (Markl 1989). Denn sie existiert nicht für sich, sondern immer nur auf dem Fundament von Natur. Die Erhaltung der lebendigen Natur ist notwendig, «um langfristig unseren Wohlstand und unsere Gesundheit zu gewährleisten» (Wilson 2002, S. 157). Wir stehen hier vor einer großen Bildungsaufgabe. Es gilt, Natur – die Bedeutung der Natur für uns – der heranwachsenden Generation nahe zu bringen, ihr zu zeigen, dass wir nicht im luftleeren Raum entstanden, sondern tief in der Natur verwurzelt sind, die uns letztlich trägt und uns ein Weiterleben ermöglicht.

> Daher ist Besonnenheit das ethische Gebot der Stunde. Wir sollten jedes noch so kleine Stückchen Biodiversität als einen unbezahlbaren Schatz erachten, ihn nutzen lernen und seine Bedeutung für die Menschheit begreifen. Wir sollten nicht wissentlich das Aussterben einer Art oder Rasse in Kauf nehmen. Und wir sollten über die bloße Rettung hinausgehen und mit der Wiederherstellung natürlicher Lebensräume beginnen, um die Populationen freilebender Tiere zu mehren und dem Ausbluten des biologischen Reichtums Einhalt zu gebieten. Kann man sich ein beflügelnderes Unternehmen vorstellen als die Wiederherstellung

der Natur, die Erneuerung der wunderbaren Vielfalt des Lebens, die uns noch immer umgibt? (Wilson 1996, S. 429).

Hier spricht der erfahrene und leidenschaftliche Naturhistoriker. Wilson gehört aber selbst zu einer allmählich aussterbenden Spezies, zur Generation jener Biologen, denen die Erkundung der Vielfalt des Lebens und Artenkenntnis wichtige Anliegen sind. Werden ihn zukünftige Generationen von Biologen noch hören – und verstehen? Diejenigen, die «Leben» ausschließlich im Genlabor und anhand von Computermodellen kennen lernen, werden damit ihre Schwierigkeiten haben. Und was dürfen wir von all jenen Menschen erwarten, die jetzt nur mit Computern, Videos und Mobiltelefonen aufwachsen und Pflanzen und Tiere bloß noch aus dem Fernsehen kennen? Ihnen den Wert biologischer Vielfalt zu vermitteln, wird eine immer schwierigere, wenn auch ständig dringlichere Aufgabe. Sie wird nur zu leisten sein, wenn die Biologie im «klassischen» Sinn – als Naturgeschichte (nicht zu verwechseln mit «Geschichten» über die Natur!) – von allen für unsere Bildung verantwortlichen Institutionen wieder gefördert wird; wenn die Bedeutung der Biologie als Wissenschaft vom Leben (in allen seinen Facetten) eingesehen wird und man erkennt, dass es sich dabei um eine Wissenschaft handelt, die für unsere Kultur unverzichtbar ist. Die Förderung umfassender biologischer Kenntnisse wird damit selbst zu einem ethischen Imperativ. Unsere politischen, für Bildung und Kultur zuständigen Instanzen geben in dieser Hinsicht – jedenfalls derzeit noch – wenig Hoffnung. Ihre Vertreter gehorchen ökonomischen Imperativen, kurzzeitigem Profitdenken und jenem heute angebrachten Opportunismus, der sie zwar nicht als «Banausen» in Sachen Natur entlarvt, sie aber gleichzeitig vor einer zu intensiven Berührung mit den anstehenden ökologischen Problemen und ihrer intellektuellen Durchdringung schützt.

Weizsäcker forderte für das 21. Jahrhundert ein radikales Umdenken und deklarierte es als «Jahrhundert der Umwelt», im Unterschied zum 20., dem «Jahrhundert der Wirtschaft»:

> Der Übergang von unserem Jahrhundert der Wirtschaft in das Jahrhundert der Umwelt ist ... nicht einfach dadurch zu schaffen, daß man die Grenzwerte für Schadstoffe in Wasser, Luft und Boden noch etwas ehrgeiziger formuliert und ... die Position des Umweltministers in den Regierungen der Welt etwas aufwertet. Was wir brauchen, ist ein deutlich tiefergreifendes Umdenken und Umsteuern unserer Kultur und unserer Wirtschaftsweise (Weizsäcker 1989, S. 10).

Viel merkt man davon allerdings noch nicht. Die tropischen Regenwälder werden weiterhin gerodet, der Artenschwund geht ungebremst weiter, und die Monokulturen der modernen Agrarindustrie zerstören natürliche Vielfalt. Die Wirtschaft wächst in einem geradezu verrückten Tempo – und gewährleistet nicht etwa eine globale Verbesserung der Lebensbedingungen der Menschen, sondern lässt die Kluft zwischen Arm und Reich immer breiter und tiefer werden. Von einem «Jahrhundert der Umwelt» kann also die Rede nicht sein. Unser Jahrhundert ist zwar noch sehr jung, aber viel Zeit hat es nicht mehr, um sich nicht als Jahrhundert einer ökologischen Katastrophe zu erweisen, wie sie die Erdgeschichte selten erlebt hat. Der Hinweis, dass sich auf unserem Planeten auch lange vor dem Auftreten des Menschen immer wieder große Katastrophen ereignet haben, wäre zu billig – und kann unserem Handeln nicht als Rechtfertigung dienen. Nie in der Evolution des Lebens nämlich hat – um dies nochmals zu betonen – *eine* Spezies ihre belebte und unbelebte Umwelt dermaßen beherrscht und ausgebeutet, wie das *Homo sapiens* in den jüngsten Phasen seiner Entwicklungsgeschichte getan hat.

Wenn die Aufgabe der Bioethik grundsätzlich darin besteht, Leben zu fördern und Leiden zu vermindern, dann ist damit stets die Aufgabe verknüpft, Handlungen zu unterlassen, die die Entfaltung künftigen Lebens vereiteln könnten. Liegt das Bestreben der ökologischen Ethik einerseits darin, zu aktivem Umweltschutz aufzufordern, so muss sie andererseits auch fortgesetzt daran erinnern, dass Handlungen (Eingriffe in die Natur), deren Folgen nicht abzusehen sind, besser erst gar nicht durchgeführt werden. Wir sind weit davon entfernt, die *Biosphäre* (= Gesamtlebensraum des Planeten Erde) in den vielfältigen und komplexen Wechselwirkungen ihrer Teilsysteme als Ganzes zu verstehen. Jede unbedacht vorgenommene Veränderung an diesem gewaltigen System kann mittel- bis langfristig unabschätzbare Folgen nach sich ziehen.

Zusammenfassung des Kapitels

(1) Die ökologische Ethik geht über die Reflexion des moralischen Status einzelner Tierarten hinaus und mahnt den Schutz von Lebensräumen und Ökosystemen ein (Naturschutz). Sie darf sich allerdings nicht an romantischen Vorstellungen von Natur orientieren: Die uns umgebende Natur existiert für sich und kennt keine Werte und Normen.

(2) Wir Menschen aber sind selbst Natur und für die uns umgebende Natur in dem Maße verantwortlich, in dem wir für uns selbst Verantwortung zu übernehmen bereit sind.

(3) Unter dem Einfluss des Menschen findet derzeit ein Massenaussterben von Arten statt. Das ist letzten Endes ein menschliches Drama, weil damit viele Arten ein für allemal ausgelöscht werden, die uns nützlich sein könnten. Für den Artenschutz bietet sich am besten das

anthropozentrische Argument an: Wir sind auf Artenvielfalt (Biodiversität) angewiesen.

(4) Die Zukunft des Menschen wird von der Zukunft der ihn umgebenden Natur abhängen. Naturschutz bedeutet daher Menschenschutz.

7.
NACHWORT: WAS SOLLEN WIR TUN?

Leben ... wollen alle glücklich, aber zu erkennen,
was es ist, was das Leben glücklich macht, fehlt der klare Blick.
Seneca

Halten wir nochmals fest: Als Überlebenswissenschaft ist die Bioethik bestrebt, Kriterien für ein lebenswertes Leben zu finden und Grundlagen für die Erhaltung von Leben zu formulieren. Zumindest kommt ihr das Bemühen «um kulturell angemessene Verhaltensweisen beim Umgang mit Lebewesen» (Mohr 1987, S. 154) zu, wobei «kulturell angemessen» schon vieles offen lässt. Die Einstellung zum Leben und zu einzelnen Lebewesen ist keineswegs bei allen Völkern und Kulturen gleich und hat sich auch in der abendländischen Geistesgeschichte gewandelt. Verschiedene Tierarten treten uns hier in mannigfaltigsten Deutungen entgegen – als Götter und Dämonen, Himmelsboten, Todesbringer, Opfertiere, ästhetische Objekte, wertvolle Nahrungsressourcen und Helfer –, was auch in ihrer höchst unterschiedlichen Behandlung durch den Menschen lebhaften Ausdruck findet (vgl. Dinzelbacher 2000). Wechselvoll ist aber auch unsere Einstellung zum menschlichen Leben, zu Geburt und Tod, Gesundheit und Krankheit. Ideologische Verirrungen sind da beinahe die Regel und nicht die Ausnahme.

Zwar finden wir in allen Epochen unserer Kulturgeschichte und bei allen Völkern bestimmte moralisch relevante Vorstellungen vom Leben und von einzelnen Lebewesen, aber nirgends lässt sich ein Moralsystem ausmachen, das auf eine für alle Menschen befriedigende Weise verallgemeinert werden könnte. Wertesysteme enthalten Widersprüche. Es ist relativ einfach, sich darauf zu einigen, dass das Leben des Menschen und anderer Organismen schützenswert sei, in vielen konkreten Fällen aber gehen die Meinungen darüber auseinander. Der «moralische Bruch» spaltet oft ein und dieselbe Person. So hat mancher Abtreibungsgegner – der seine Haltung mit dem Schutz des (menschlichen) Lebens begründet – keine Probleme mit der Todesstrafe. In den Vereinigten Staaten von Amerika haben vor einigen Jahren fanatische Abtreibungsgegner einen Arzt und eine Krankenschwester, die Abtreibungen vornahmen, ermordet, ein eklatantes abschreckendes Beispiel für Doppelmoral. Es gibt Leute, die sich vehement für die Rechte von Tieren einsetzen, dem allerorten sichtbaren menschlichen Leid aber mit Gleichgültigkeit begegnen. Diese Liste von Beispielen (für Doppelmoral) ließe sich noch wesentlich verlängern. Wir Menschen neigen dazu, an unsere Umgebung zweierlei Maßstäbe anzulegen. Dennoch sollten wir uns bemühen, andere nicht voreilig zu verurteilen, weil sie etwa einen anderen Lebensstil pflegen. Vielleicht lässt sich Doppelmoral nie gänzlich vermeiden, aber wir sollten zumindest versuchen, ihr entgegenzuwirken.

Das hier in Rede stehende Problem lässt sich am besten anhand der *Tugendethik* veranschaulichen. So gut wie jeder von uns schätzt an seinen Mitmenschen Aufrichtigkeit, Wahrheitsliebe, Charakterstärke und so weiter. Diese Eigenschaften können sich in einigen Situationen jedoch als sozusagen sozial unverträglich erweisen. Je aufrichtiger ein Mensch ist, je stärker er sich der Wahrheit verpflichtet fühlt, desto mehr lässt er Taktgefühl vermissen und muss bei jeder Gelegenheit seine Mitmenschen «vor den Kopf stoßen». Ein befriedigendes gesellschaftliches Leben verträgt keinen moralischen Absolutismus. Wolf (1994) stellt daher fest, dass Tugenden –

mögen sie auch ein wichtiges Element unserer Alltagsmoral darstellen – für eine letzte Begründung der Moral ungeeignet sind. Sie stehen oft im Widerspruch zueinander. Wir sehen beispielsweise die Freundschaft als eine Tugend an. Wie soll ich mich aber einem Freund gegenüber verhalten, der seine Familie ungerecht behandelt oder gar tyrannisiert und damit die Tugend der Liebe verletzt? Nach Platon (427–347 v. Chr.) gehören Weisheit und Tapferkeit zu den hauptsächlichen Tugenden. Wie weise handelt aber jemand, der tapfer in den Krieg zieht und für einen Despoten bereitwillig sein Leben lässt?

Unser Leben ist zu komplex, um in ein moralisches Grundschema eingeordnet oder auf einige Tugenden reduziert werden zu können. Im Alltag fehlt uns auch oft die Zeit, viele unserer Handlungen im vorhinein einer kritischen moralphilosophischen Reflexion zu unterziehen. Als soziale Lebewesen, ausgestattet mit egoistischen und altruistischen Neigungen zugleich (vgl. S. 36 ff.), tun wir aber oft (unreflektiert) das moralisch Richtige. Schließlich ist die Geselligkeit – die Begegnung und der Austausch mit Freunden und Bekannten, die Hilfe, die wir anderen gewähren und von anderen empfangen – eine Quelle des Wohlbefindens. Je mehr man für andere da ist, meinte jüngst Singer (2005), desto befriedigender wird das eigene Leben. Das sind nicht nur schöne Worte; sie treffen durchaus auch den Kern unseres Daseins. Unseren Artgenossen und auch Vertretern anderer Spezies Hilfe angedeihen zu lassen kann uns durchaus ein Gefühl der Befriedigung verschaffen. Allerdings wäre es eine Illusion zu glauben, dass wir allein damit zu einem zufriedenen Leben finden können. Wir erwarten – bewusst oder unbewusst – Reziprozität, Belohnung für unsere «edlen» Taten, und sei es auch nur ab und an ein Wort des Lobes und der Anerkennung. Niemand kann, ohne jegliche Berücksichtigung seiner eigenen Interessen, nur für andere leben.

Moralsysteme, die das zufriedene Zusammenleben von Menschen und darüber hinaus ein zufriedenes Zusammenleben des Menschen mit nichtmenschlichen Lebewesen ermöglichen und fördern, müssen jenem bereits auf S. 25 erwähnten elementaren Lebensantrieb Rechnung tragen. Helfer genießen im allgemeinen ein hohes Ansehen, zugleich aber gehört die selbstlose Aufopferung für andere ohne irgendeine Aussicht auf Belohnung sicher zu den seltensten Verhaltensweisen des Menschen. Der barmherzige Samariter des Neuen Testaments führt es uns vor. Sommer (2000, S. 31 f.) schreibt dazu:

> Damit die im Neuen Testament dokumentierte Tat des barmherzigen Samariters als wahrer Altruismus durchgehen könnte, dürfte der Barmherzige nicht nur nicht mit seiner Heilstat geprahlt haben (was ihm eine Beförderung in der antiken Heilsarmee hätte eintragen können). Wir dürften zudem am besten gar nichts vom Samariter wissen – weil allein anonymes Wohltun jedwedem Egoismus die Hintertüre vor der Nase zuschlägt.

Über die – ihm selbst nicht unbedingt zugänglichen – Motive des barmherzigen Samariters ließe sich also diskutieren. Was aber in einer Gesellschaft zählt, ist, dass die Leute nett zueinander sind – ihre Motive sind nicht so wichtig (Ridley 1997).

Der Mensch ist das Resultat von Prozessen der Evolution, die keine Absicht kennen und ihn nicht geplant haben (Simpson 1951). Jeder Hinweis darauf, dass die Natur in moralischer Hinsicht für den Menschen irgendetwas vorgesehen hatte, ist völlig aus der Luft gegriffen. Es liegt am Menschen selbst, kraft seiner Reflexionsfähigkeit günstige Lebens- und Überlebensstrategien für seine Gattung und für jedes seiner Individuen zu finden. Dabei lassen sich moralische Probleme nicht vermeiden, scheinen aber oft sozusagen ins Hintertreffen zu geraten – nicht nur, was die eigene Spezies, sondern auch andere Arten und ganze Ökosysteme anbelangt. Politische Entscheidungen werden oft über alle Überlebensinteressen der involvierten Lebewesen – Menschen, Tiere, Pflanzen – hinweg getroffen. Ein Beispiel dafür war der Vietnamkrieg mit seinen verheerenden menschlichen und ökologischen Auswirkungen (vgl. Orians und Pfeiffer 1970). Leider liegen – bis in die Gegenwart hinein – viele ähnliche Beispiele vor.

Was sollen wir tun? Die Frage ist, wie bereits in der Einleitung gesagt wurde, nicht pauschal zu beantworten. Aber wir alle wollen ein «gutes Leben», und diejenigen von uns, denen ein solches gegönnt ist, sollten anderen – leidenden, in Not befindlichen – Menschen (und Tieren) helfen, auch zu einem guten Leben zu finden. Das ist eine moralische Minimalforderung, die freilich auch offen lässt, was wir konkret tun sollen, uns aber zu ständigem Nachdenken auffordert. Wir dürfen dieses Nachdenken nicht unseren Entscheidungsträgern in Politik, Justiz und Wirtschaft überlassen – die denken sehr oft einseitig und in die falsche (jedenfalls nicht unsere) Richtung –, sondern müssen uns schon selbst bemühen, jeder und jede für sich und im Hinblick auf seinen beziehungsweise ihren gesellschaftlichen Nahbereich.

Die heute relevanten Fragen der Bioethik bedeuten nicht zuletzt eine Herausforderung an Wissenschaftler – vor allem Biologen und Mediziner. Diese Herausforderung kennt keine Präzedenzfälle. Wissenschaftler sind zunächst einmal ihrem Berufsethos verpflichtet. Mohr (1979, 1987) zählt eine Reihe von Geboten auf, die dabei unbedingt zu befolgen sind, beispielsweise:

- Sei fair und manipuliere niemals Daten!
- Sei undogmatisch!
- Schließe keinen faulen Kompromiss, sondern versuche, ein Problem zu lösen!

- Argumentiere symmetrisch (prüfe sorgfältig die Argumente zu der von dir bevorzugten Hypothese)!
- Verwende eine klare Ausdrucksweise!
- Mache Voraussagen in Form von Wenn-dann-Sätzen!

Solche und ähnliche Forderungen weisen das wissenschaftliche Ethos als *Partialethos* aus, das heißt, sie beziehen sich ausschließlich auf die wissenschaftliche Arbeit selbst. Nun arbeitet und forscht aber niemand im luftleeren Raum, völlig unabhängig von gesellschaftlichen und politischen Erwartungen, so dass eine Ethik der Forschung stets Teil einer allgemeineren Ethik sein muss. Ein Biologe kann sich nicht einfach auf folgende Position zurückziehen: «Ich war immer fair zu Kolleginnen und Kollegen, habe nie Daten manipuliert, keine faulen Kompromisse geschlossen und so weiter – aber um meine Forschungen durchführen zu können, musste ich einige Menschenleben opfern, und im Übrigen bin ich nicht dafür verantwortlich, was Politiker mit meinen Forschungsergebnissen machen.» Das ist, zugegeben, etwas überspitzt formuliert (kein ernsthafter Wissenschaftler würde sich heute auf diese Weise aus der Affäre ziehen), aber damit soll auch nur gesagt sein, dass natürlich auch die Wissenschaft nicht von der Frage verschont bleibt, was «gut» und «böse», «recht» und «unrecht» sei (vgl. z. B. Sperry 1985). Auf Verfehlungen in der Geschichte einzugehen, würde an dieser Stelle zu weit führen. (Zu erinnern bleibt aber immer wieder an die Atombombe und die Stellung mancher Wissenschaftler im Dritten Reich.)

Die heutigen Möglichkeiten der biomedizinischen Forschung samt ihren Anwendungen entbinden keinen der daran Beteiligten von ethischen Reflexionen. Dabei gilt es nicht zuletzt, einer möglichen Einschränkung der «Freiheit» der Wissenschaft zuvorzukommen. Diese Gefahr besteht gerade dann, wenn ethisch relevante Probleme der Wissenschaften außerwissenschaftlichen Institutionen, vor allem Politikern und Juristen, überlassen werden. Es klingt für manche Ohren heute vielleicht nicht mehr ganz zeitgemäß, bleibt aber ein zeitloses Postulat (und ist derzeit wichtiger denn je): Die Wissenschaft soll stets den Humanitätsgedanken mittragen. Sie ist kein «Geschäft» wie jedes andere, sondern ein Unterfangen, das letzten Endes der Verbesserung der Lebensbedingungen auf diesem Planeten dienen soll.

ANMERKUNGEN

1 Das seit 1976 jährlich stattfindende Wittgenstein Symposium verdankt seinen Namen dem Philosophen Ludwig Wittgenstein (1889–1951). Es befasst sich seither mit den unterschiedlichsten Aspekten seines Werkes, ist aber darüber hinaus jeweils einem (philosophischen) Schwerpunktthema von allgemeinerem Interesse gewidmet. 1991 war «Angewandte Ethik» vorgesehen.

2 Er engagierte sich in der medizinischen und sozialen Betreuung der Menschen im Tropenhospital in Lambarene (Gabun, damals Französisch Äquatorialafrika), das er 1913 gründete und später erweiterte. Zur Finanzierung seiner Arbeit trugen seine zahlreichen Konzert- und Vortragsreisen maßgeblich bei.

3 Bei vielen Spezies zahlt sich Gruppenbildung allerdings nicht aus, vor allem wenn spezifische ökologische Randbedingungen dagegen sprechen und es sich um besonders «wehrhafte» Tiere handelt, die kaum natürliche Feinde haben. Beispiele dafür sind Eisbären und Tiger, die sich nur kurzfristig zur Paarung zusammenschließen und deren Weibchen vorübergehend ihre Jungen betreuen. Zwar sind größere Ansammlungen (30 oder 40 Tiere) von Eisbären bekannt, aber die bilden keine Sozietäten im engeren Sinn. Eisbären gehen beispielsweise nicht gemeinsam auf Robbenfang, um anschließend die Beute untereinander zu teilen.

4 Wenn die Todesstrafe hier nur in einem Nebensatz erwähnt wird, dann darf das nicht darüber hinwegtäuschen, dass es sich dabei um ein schwerwiegendes, bioethisch durchaus relevantes Problem handelt. In der Einleitung (auf S. 11) habe ich bemerkt, dass ich in diesem Buch keineswegs *alle* bioethischen Probleme behandeln kann. Die Todesstrafe wäre eines davon. Ein engagiertes Buch *gegen* die Todesstrafe hat unter anderem Müller (1998) vorgelegt, dessen Argumenten ich voll beipflichte.

5 Anenzephalie ist eine schwere, lange vor der Geburt entstehende Missbildung. Bei den Betroffenen fehlt in der Regel das gesamte Großhirn und ein Teil des Hirnstamms. Ein als Anenzephalus geborenes Kind kann keine Wahrnehmungsleistungen ent-

wickeln, bleibt von der Pflege vollständig abhängig und hat eine sehr geringe Lebenserwartung.

6 Hippokrates, der bedeutende griechische Arzt (460–377 v. Chr.) und «Vater der wissenschaftlichen Heilkunde», vollzog die Abkehr von religiösen beziehungsweise magischen Vorstellungen und die Hinwendung zu rationalen Erklärungen in der Medizin. Er schuf das Fundament einer medizinischen Ethik, einer Moral ärztlichen Handelns, auf die sich Ärzte vielfach nach wie vor berufen.

7 Eine Gruppe der Nesseltiere, das sind im Meer einzeln oder stockbildend lebende Wirbellose, die durch ihre oft giftigen Nesselkapseln den Badefreudigen auf unangenehme Weise auf ihre Existenz hinweisen können.

8 Nacktmulle sind zu den Nagetieren zählende Säugetiere, die – bei fast völligem Fehlen der Körperbehaarung und mit winzigen Augen – in kleinen Kolonien unterirdisch in trockenen Steppen und Savannen Ostafrikas vorkommen.

9 Dabei ist natürlich nicht uninteressant, dass bei manchen Völkern als Nahrungsquelle dienende Tiere einen besonderen Status genießen. Bären gelten arktischen Völkern als Jagdbeute, ihre Tötung und die ihnen zugefügten Schmerzen werden als unerheblich angesehen, weil sie – dem Mythos zufolge – wiedergeboren werden, wenn nur ihr Schädel nicht verloren geht. Die Jagd auf Bären war die längste Zeit in Ermangelung von Schusswaffen für den Menschen ein sehr riskantes und gefährliches Unternehmen. Man kann sich also durchaus auch vorstellen, dass ein erlegter Bär ein Festessen rechtfertigte.

10 Die Bedeutung zoologischer Gärten unter tier- und umweltethischem Aspekt kann hier nicht weiter erläutert werden. Würde man aber alle Zoos und ähnliche Einrichtungen schließen, dann hieße das wohl, «ein Todesurteil über die Tierarten zu sprechen, deren Überleben durch Zoos garantiert wird. Unseren Kindern und Kindeskindern würde die Chance genommen, je Nashörner, Elefanten oder Giraffen kennenzulernen. Der Artenschutzgedanke verkümmerte, und das Leben ohne einen Zoobesuch wäre deutlich dürftiger» (Poley 1995, S. 23).

LITERATUR

Ach, J. S. (2003): Anmerkungen zur Ethik der Organtransplantation. In: Düwell, M. und Steigleder, K. (Hrsg.): Bioethik. Eine Einführung. Suhrkamp, Frankfurt/M. (S. 276–283).

Alexander, R. D. (1987): The Biology of Moral Systems. Aldine de Gruyter, New York.

Altner, G. (1991): Naturvergessenheit. Grundlagen einer umfassenden Bioethik. Wissenschaftliche Buchgesellschaft, Darmstadt.

Altner, H. (1985): Tierschutz und Tierversuche: Probleme und Lösungsansätze. *Naturwissenschaften* 72, S. 57–61.

Angstwurm, H. (2003): Der Hirntod als sicheres Todeszeichen. In: Düwell, M. und Steigleder, K. (Hrsg.): Bioethik. Eine Einführung. Suhrkamp, Frankfurt/M. (S. 291–297).

Anschütz, F. (1987): Ärztliches Handeln. Grundlagen, Möglichkeiten, Grenzen, Widersprüche. Wissenschaftliche Buchgesellschaft, Darmstadt.

Antweiler, Ch. (1994): Eigenbilder, Fremdbilder, Naturbilder. Anthropologischer Überblick und Auswahlbibliographie zur kognitiven Dimension interkulturellen Umganges. *Anthropos* 89, S. 137–168.

Ayala, F. J. (1987): The Biological Roots of Morality. *Biology & Philosophy* 2, S. 235- 252.

Balluch, M. (2005): Die Kontinuität von Bewusstsein. Das naturwissenschaftliche Argument für Tierrechte. Guthmann-Peterson, Wien.

Baranzke, H., Gottwald, F.-T. und Ingensiep, H. W. (Hrsg., 2000): Leben, Töten, Essen. Anthropologische Dimensionen. Hirzel, Stuttgart-Leipzig.

Bauer, A. W. (2001): Ethik in der Biomedizin. *Universitas* 56, S. 239–252.

Bauer, A. W. (2006): Autonomie am Lebensende: Realität, Ideal, Illusion? *Universitas* 61, S. 115–131.

Bayertz, K. (1987): GenEthik. Probleme der Technisierung menschlicher Fortpflanzung. Rowohlt, Reinbek.

Bekoff, M. (2000): Animal Emotions: Exploring Passionate Natures. *BioScience* 50, S. 861–870.

Binder, R. und Lengauer, E. (2006): Ethische Grundlagen des Tierschutzgesetzes unter besonderer Berücksichtigung der Tötung von Tieren zu Ausbildungszwecken. *bioskop* 9 (1), S. 16–19.

Birnbacher, D. (1980): Sind wir für die Natur verantwortlich? In: Birnbacher, D. (Hrsg.): Ökologie und Ethik. Reclam, Stuttgart (S. 103–139).

Birnbacher, D. (1982): A Priority Rule for Environmental Ethics. *Environmental Ethics* 4, S. 3–16.

Birnbacher, D. (2006): Bioethik zwischen Natur und Interesse. Suhrkamp, Frankfurt/M.

Bischof, N. (1978): On the Phylogeny of Human Morality. In: Stent, G. S. (Hrsg.): Morality as a Biological Phenomenon. Springer, Berlin-Heidelberg-New York (S. 53–73).

Böhler, D. und Matheis, A. (1991): Töten als Therapie? – «Praktische Ethik» des Nutzenkalküls versus Diskursethik als kommunikative Verantwortungsethik. *Ethik und Sozialwissenschaften* 2, S. 361–375.

Bronisch, T. (1999): Der Suizid. Ursachen – Warnsignale – Prävention. C. H. Beck, München.

Bryant, I. (1977): Vivisection: A Chapter in the Sociology of Victorian Science. *Ethics in Science & Medicine* 4, S. 75–86.

Bud, R. (1995): Wie wir das Leben nutzbar machten. Ursprung und Entwicklung der Biotechnologie. Vieweg, Braunschweig.

Buege, D. J. (1997): An Ecologically-informed Ontology for Environmental Ethics. *Biology & Philosophy* 12, S. 1–20.

Campbell, D. T. (1982): Legal and Primary-Group Social Control. *Journal of Social and Biological Structures* 5, S. 432–438.

Carson, H. L. (1993): Human Genetic Diversity, a Critical Resource for Man's Future. *Biology and Philosophy* 8, S. 33–45.

Carson, R. (1987): Der stumme Frühling. C. H. Beck, München.

Castro, L. und Toro, M. A. (1998): The Long and Winding Road to the Ethical Capacity. *History and Philosophy of Life Sciences* 20, S. 77–92.

Dahl, E. (2000): Xenotransplantation. Tiere als Organspender für Menschen? Hirzel, Stuttgart-Leipzig.

Dahl, E. (2005): Im Zweifel für die Freiheit. Warum wir ein liberales Fortpflanzungsmedizingesetz brauchen. *Universitas* 60, S. 775–783.

Darwin, Ch. (1872 [1986]): Der Ausdruck der Gemütsbewegungen bei dem Menschen und den Tieren. Greno, Nördlingen.

Dinzelbacher, P. (Hrsg., 2000): Mensch und Tier in der Geschichte Europas. Kröner, Stuttgart.

Driesch, H. (1927): Die sittliche Tat. Ein moralphilosophischer Versuch. Reinicke, Leipzig.

Dulbecco, R. und Chiaberge, R. (1991): Konstrukteure des Lebens. Medizin und Ethik im Zeitalter der Gentechnologie. Piper, München.

Düwell, M. und Steigleder, K. (2003): Bioethik – Zu Geschichte, Bedeutung und Aufgaben. In: Düwell, M. und Steigleder, K. (Hrsg.): Bioethik. Eine Einführung. Suhrkamp, Frankfurt/M. (S. 12–37).

Ehrenfeld, D. W. (1976): The Conservation of Non-Resources. *American Scientist* 64, S. 648–656.

Eldredge, N. (1998): Life in the Balance. Humanity and the Biodiversity Crisis. Princeton University Press, Princeton.

Engelhardt, D. v. (2000 a): Basic Principles in Bioethics – a Historical and Cultural View. In: Kemp, P., Rendtorff, J. und Johansen, N. M. (Hrsg.): Bioethics and Biolaw. Band 2. Rhodos International Science and Art Publishers, Kopenhagen (S. 23–34).

Engelhardt, D. v. (2000 b): Bestand und Wandel ethischer Werte in der medizinischen Forschung. In: Wiesing, U., Simon, A. und Engelhardt, D. v. (Hrsg.): Ethik in der medizinischen Forschung. Schattauer, Stuttgart-New York (S. 20–37).

Epplen, J. T. und Haupt, A. (1997): Gendiagnostik und Gentherapie – Ein Spannungsfeld angewandter Gentechnologie. *Biologie in unserer Zeit* 27, S. 354–360.

Eser, U. (2003): Einschluss statt Ausgrenzung – Menschen und Natur in der Umweltethik. In: Düwell, M. und Steigleder, K.

(Hrsg.): Bioethik. Eine Einführung. Suhrkamp, Frankfurt/M. (S. 344–354).
Fischel, W. (1974): Können Tiere denken? Urania-Verlag, Leipzig-Jena-Berlin.
Flew, A. (1984): Darwinian Evolution. Granada Publishing. London.
Gärtner, K. (1983): Auf Tierversuche kann noch nicht verzichtet werden. *Umschau in Wissenschaft und Technik* 83, S. 213–218.
Giese, R.-H. (1989): Der Kosmos ist kein Fluchtraum. In: Franke, L. (Hrsg.): Wir haben nur eine Erde. Wissenschaftliche Buchgesellschaft, Darmstadt (S. 19–29).
Gobry, I. (1958): Franz von Assisi in Selbstzeugnissen und Bilddokumenten. Rowohlt, Hamburg.
Gorke, M. (2000): Die ethische Dimension des Artensterbens. *Nova Acta Leopoldina* NF 82, Nr. 315, S. 141–152.
Göller, R. (1982): Verständnis für die Natur als begrenzte Rohstoffquelle. *Forum Ware* 10, S. 85–93.
Götschl, J. (1987): Das Problem des Todes unter Berücksichtigung der Wiederbelebung. *Rettungsdienst* 10, S. 636–638.
Grinde, B. (1996): Darwinian Happiness: Biological Advice on the Quality of Life. *Journal of Social and Evolutionary Systems* 19, S. 249–260.
Haila, Y. (1997): ‹Wilderness› and the Multiple layers of Environmental Thought. *Environment and History* 3, S. 129–147.
Hammer, C. (2000): Xenotransplantation aus medizinischer Sicht. In: Hildt, E. und Hepp, B. (Hrsg.): Organtransplantationen. Heteronome Effekte in der Medizin. Hirzel, Stuttgart-Leipzig (S. 120–127).
Hassenstein, B. (1954): Abbildende Begriffe. *Verhandlungen der Deutschen Zoologischen Gesellschaft* 1954, S. 198–202.
Hausmann, R. (1995): ... und wollten versuchen, das Leben zu verstehen ... Betrachtungen zur Geschichte der Molekularbiologie. Wissenschaftliche Buchgesellschaft, Darmstadt.
Höffe, O. (Hrsg., 1997): Lexikon der Ethik. (5. Aufl.) C. H. Beck, München.

Hoerster, N. (1998): Sterbehilfe im säkularen Staat. Suhrkamp, Frankfurt/M.

Hoerster, N. (2002): Ethik des Embryonenschutzes. Ein rechtsphilosophischer Essay. Reclam, Stuttgart.

Hoerster, N. (2005): Die Frage nach Gott. C. H. Beck, München.

Hoerster, N. (2006): Die Menschenwürde und das Recht auf Leben. In: Liessmann, K. P. (Hrsg.): Der Wert des Menschen. An den Grenzen des Humanen. Zsolnay, Wien (S. 47–66).

Huxley, J. (1964): Die Grundgedanken des evolutionären Humanismus. In: Huxley, J. (Hrsg.): Der evolutionäre Humanismus. Zehn Essays über die Leitgedanken und Probleme. C. H. Beck, München (S. 13–69).

Huxley, J. (1966): Essays of a Humanist. Penguin Books, Harmondsworth.

Ike, B. W. (1987): Man's Limited Sympathy as a Consequence of his Evolution in Small Kin Groups. In: Reynolds, V., Falger, V. S. E. und Vine, I. (Hrsg.): The Sociobiology of Ethnocentrism. Evolutionary Dimensions of Xenophobia, Discrimination, Racism and Nationalism. The University of Georgia Press, Athens (S. 216–234).

Ingensiep, H. W. (1997): Personalismus, Sentientismus, Biozentrismus – Grenzprobleme der nicht-menschlichen Bioethik. *Theory of Biosciences* 116, S. 169–191.

Irrgang, B. (2005): Einführung in die Bioethik. W. Fink, München.

Jonas, H. (1984): Das Prinzip Verantwortung. Versuch einer Ethik für die Technologische Zivilisation. Suhrkamp, Frankfurt/M.

Jonas, H. (1987): Technik, Medizin und Ethik. Praxis des Prinzips Verantwortung. Suhrkamp, Frankfurt/M.

Kahn, F. (1931): Das Leben des Menschen. Eine volkstümliche Anatomie, Biologie, Physiologie und Entwicklungsgeschichte des Menschen. Band V. Kosmos, Stuttgart.

Kanitscheider, B. (2000): Skepsis, Dogmatismus und Aufklärung. *Aufklärung und Kritik* 7 (1), S. 5–15.

Kaplan, H. F. (1995): Die Philosophie der Tierrechtsbewegung. *Aufklärung und Kritik* 2 (2), S. 84–89.

Kerner, G. C. (1966): The Revolution in Ethical Theory. Clarendon Press, Oxford.

Kinzelbach, R. (1989): Ökologie, Naturschutz, Umweltschutz. Wissenschaftliche Buchgesellschaft, Darmstadt.

Klein, J. (1998): Ist uns das Töten von Tieren erlaubt? *Aufklärung und Kritik* 5 (1), S. 80–94.

Klein, J. (1999): Gleichheit für Tiere? Eine Auseinandersetzung mit Peter Singers «Befreiung der Tiere». *Aufklärung und Kritik* 6 (2), S. 67–83.

Knoepffler, N. (2000): Das Prinzip der Menschenwürde und die ethische Frage nach der Organtransplantation. In: Hildt, E. und Hepp, B. (Hrsg.): Organtransplantationen. Heteronome Effekte in der Medizin. Hirzel, Stuttgart-Leipzig (S. 66–74).

Konrad, S. und Fürschuss, N. (2006): Vom biologischen Typus einer Tierart zur artgemäßen Haltungsumwelt. *bioskop* 9 (1), S. 9–15.

Koslowski, L. (1983): Lebensverlängerung als Aufgabe und Begrenzung ärztlichen Handelns – aus ärztlicher Sicht. In: Koslowski, P., Kreuzer, P. und Löw, R. (Hrsg.): Die Verführung durch das Machbare. Ethische Konflikte in der modernen Medizin und Biologie. Hirzel, Stuttgart (S. 75–82).

Kromka, F. (2000): Mensch und Tier. Ausführungen zum besseren Verständnis. Anregungen zum Nachdenken. Lübbe, Bergisch Gladbach.

Leinfellner, W. (1985 a): Eine Rekonstruktion der Schlickschen Sozialethik. In: McGuiness, B. (Hrsg.): Zurück zu Schlick. Eine Neubewertung von Werk und Wirkung. Hölder-Pichler-Tempsky, Wien, S. 57–84.

Leinfellner, W. (1985 b): A Reconstruction of Schlick's Psychosocial Ethics. *Synthese* 64, S. 317–349.

Lorenz, K. (1964): Er redete mit dem Vieh, den Vögeln und den Fischen. Deutscher Taschenbuch Verlag, München.

Lorenz, K. (1973): Die acht Todsünden der zivilisierten Menschheit. Piper, München.

Lorenz, K. (1974): Das wirklich Böse. Involutionstendenzen in der modernen Kultur. In: Schatz, O. (Hrsg.): Was wird aus dem Menschen? Styria, Graz-Wien-Köln (S. 287–305).

Lorenz, K. (1983): Der Abbau des Menschlichen. Piper, München.
Luf, G. (2003): Rechtsethische Probleme des Personenbegriffs – Ein Beitrag zur Debatte um Peter Singer. *Wissenschaftliche Nachrichten* 121, S. 3–6.
Lütterfelds, W. (Hrsg., 1993): Evolutionäre Ethik zwischen Naturalismus und Idealismus. Beiträge zu einer modernen Theorie der Moral. Wissenschaftliche Buchgesellschaft, Darmstadt.
Mackie, J. L. (1981): Ethik. Auf der Suche nach dem Richtigen und Falschen. Reclam, Stuttgart.
Maclean, A. (1993): The Elimination of Morality. Reflections on Utilitarianism and Bioethics. Routledge, London-New York.
Markl, H. (1989): Natur als Kulturaufgabe. In: Franke, L. (Hrsg.): Wir haben nur eine Erde. Wissenschaftliche Buchgesellschaft, Darmstadt (S. 30–39).
Mayr, E. (2005): Konzepte der Biologie. Hirzel, Stuttgart.
McIntyre, N. und Popper, K. (1983): The Ethical Attitude in Medicine: The Need for a New Ethics. *British Medical Journal* 287, S. 1919–1923.
Medawar, P. (1977): Animal Rights and Wrongs. *The Sciences* 17 (2), S. 8–10.
Meder, A. (1999): Gorillas in African Culture and Medicine. *Gorilla Journal* 18, S. 11–15.
Merkel, R. (2006): Verbrauchende Embryonenforschung? Verfassungsrechtliche und ethische Grundlagen und Grenzen. In: Liessmann, K. P. (Hrsg.): Der Wert des Menschen. An den Grenzen des Humanen. Zsolnay, Wien (S. 188–209).
Meyer-Abich, K. M. (1997): Praktische Naturphilosophie. Erinnerungen an einen vergessenen Traum. C. H Beck, München.
Mischler, G. (2000): Von der Freiheit, das Leben zu lassen. Kulturgeschichte des Suizids. Europa Verlag, Hamburg-Wien.
Mohr, H. (1979): The Ethics of Science. *Interdisciplinary Science Review* 4, S. 45–53.
Mohr, H. (1987): Natur und Moral. Ethik in der Biologie. Wissenschaftliche Buchgesellschaft, Darmstadt.
Mohr, H. (1999 a): Triebkräfte des Verhaltens. In: Neumann, D., Schöppe, A. und Treml, A. K. (Hrsg.): Die Natur der Moral.

Evolutionäre Ethik und Erziehung. Hirzel, Stuttgart-Leipzig (S. 65–77).
Mohr, H. (1999 b): Bioethik. In: Lexikon der Biologie. Band 2. Spektrum Akademischer Verlag, Heidelberg (S. 404–408).
Müller, F. (1998): Streitfall Todesstrafe. Patmos, Düsseldorf.
Naess, A. (1972): The Place of Normative Ethics Within a Biological Framework. In: Breck, A. D. und Yourgrau, W. (Hrsg.): Biology, History, and Natural Philosophy. Plenum Press, New York (S. 197–206).
Nagl, W. (1987): Gentechnologie und Grenzen der Biologie. Wissenschaftliche Buchgesellschaft, Darmstadt.
Nesse, R. M. und Williams, G. C. (1997): Warum wir krank werden. Die Antworten der Evolutionsmedizin. C. H. Beck, München.
Norton, B. G. (1987): Why Preserve Natural Variety? Princeton University Press, Princeton.
Nuttall, J. (1993): Moral Questions. An Introduction to Ethics. Polity Press, Cambridge.
Oakley, J. (1992): Morality and the Emotions. Routledge, London-New York.
Oduncu, F. (2000): Der Hirntod als Todeskriterium. In: Hildt, E. und Hepp, B. (Hrsg.): Organtransplantationen. Heteronome Effekte in der Medizin. Hirzel, Stuttgart-Leipzig (S. 75–84).
Oeser, E. (2002): Geschichte der Hirnforschung. Von der Antike bis zur Gegenwart. Wissenschaftliche Buchgesellschaft, Darmstadt.
Oeser, E. (2004): Hund und Mensch. Die Geschichte einer Beziehung. Wissenschaftliche Buchgesellschaft, Darmstadt.
Orians, G. H. und Pfeiffer, E. W. (1970): Ecological Effects of the War in Vietnam. *Science* 168, No. 3931, S. 544–554.
Ott, K. (1999): Das Tötungsproblem in der Tierethik der Gegenwart. In: Engels, E.-M. (Hrsg.): Biologie und Ethik. Reclam, Stuttgart (S. 127–160).
Perler, D. und Wild, M. (Hrsg., 2005): Der Geist der Tiere. Philosophische Texte zu einer aktuellen Diskussion. Suhrkamp, Frankfurt/M.
Pieper, A. (1997): Gut und Böse. C. H. Beck, München.

Pieper, A. und Thurnherr, U. (Hrsg., 1998): Angewandte Ethik. Eine Einführung. C. H. Beck, München.
Poley, D. (1995): Haben Zoos eine Zukunft? *Abenteuer Natur* 4 (Juli/August), S. 22–23.
Potts, R. (1996): Humanity's Descent. The Consequences of Ecological Instability. W. Morrow, New York.
Premack, D. und Premack A. J. (1984): The Mind of an Ape. Norton, New York-London.
Puppe, B. (1996): Wohlbefinden bei Nutztieren: eine verhaltensbiologische Übersicht. *Biologisches Zentralblatt* 115, S. 3–15.
Radnitzky, G. (2004): Freitod und letzte Hilfe – Das Recht auf sich selbst ernst genommen. *Aufklärung und Kritik* 11 (2), S. 127–131.
Reichholf, J. (1993): Biodiversität. Warum gibt es so viele verschiedene Arten? *Universitas* 48, S. 830–840.
Reutterer, A. (2000): Erkennen und Handeln. Einführung in die Philosophie. Dorner, Wien.
Richards, R. (1986): A Defense of Evolutionary Ethics. *Biology & Philosophy* 1, S. 165–193.
Ridley, M. (1997): The Origins of Virtue. Penguin Books, London.
Riede, P. (1999): «Doch frage die Tiere, sie werden dich lehren». Tiere als Vorbilder und «Lehrer» des Menschen im Alten Testament. In: Janowski, B. und Riede, P. (Hrsg.): Die Zukunft der Tiere. Theologische, ethische und naturwissenschaftliche Perspektiven. Calwer, Stuttgart (S. 61–91).
Robinson, W. S. (1997): Some Nonhuman Animals Can Have Pains in a Morally Relevant Sense. *Biology & Philosophy* 12, S. 51–71.
Romanes, G. J. (1885): Die geistige Entwicklung im Tierreich. Günthers, Leipzig.
Rubsamen, D. S. (1976): Medical Malpractice. *Scientific American* 235 (2), S. 18–23.
Ruse, M. (1986): Evolutionary Ethics: A Phoenix Arisen. *Zygon* 21, S. 95–112.
Ruse, M. (1991): Human Sociobiology: An Interim Report. In: Pointek, J. und Wiercinski, A. (Hrsg.): The Peculiarity of Man. Sociobiological Perspectives and Other Approaches. Adam Mickiewicz University Press, Poznan (S. 13–52).

Russell, B. (1976): Unpopular Essays. Allen & Unwin, London.
Sachsse, H. (1976): Der Mensch als Partner der Natur. Überlegungen zu einer Nachcartesianischen Naturphilosophie und ökologischen Ethik. In: Kaltenbrunner, G.-K. (Hrsg.): Überleben und Ethik. Die Notwendigkeit, bescheiden zu werden. Herder, Freiburg-Basel-Wien (S. 27–54).
Schicktanz, S. (2001): Herz und Hirn vom Schwein. Körper- und Identitätsverständnis im Zeitalter der Xenotransplantation. *Universitas* 56, S. 557–571.
Schipperges, H. (1983): Wandlungen im Ethos des Arztes. In: Koslowski, P., Kreuzer, P. und Löw, R. (Hrsg.): Die Verführung durch das Machbare. Ethische Konflikte in der modernen Medizin und Biologie. Hirzel, Stuttgart (S. 101–119).
Schipperges, H. (1985): Homo patiens. Zur Geschichte des kranken Menschen. Piper, München-Zürich.
Schöler, H. R. (2003): Das Potential von Stammzellen – Ist der Mensch regenerierbar? *Naturwissenschaftliche Rundschau* 56, S. 525–539.
Schrödinger. E. (1951): Was ist Leben? Die lebende Zelle mit den Augen des Physikers betrachtet. Francke, Bern.
Seitelberger, F. (1995): Das Hirntod-Konzept. Neurobiologie und ethische Dimensionen. *Sommerakademie 1995 Kapfenberg (Angewandte Ethik)*, S. 113–128.
Sherlock, R. (2005): Bioethics. In: Ecyclopedia of Science, Technology and Ethics. Band 1. Thomson Gale, Detroit-New York-San Francisco (S. 193–199).
Shrader-Frachette, K. S. und McCoy, E. D. (1994): Biodiversity, Biological Uncertainty, and Setting Conservation Priorities. *Biology & Philosophy* 9, S. 167–195.
Simon, A. (2003): Sterbehilfe. In: Düwell, M. und Steigleder, K. (Hrsg.): Bioethik. Eine Einführung. Suhrkamp, Frankfurt/M. (S. 306–313).
Simpson, G. G. (1951): The Meaning of Evolution. The New American Library, New York.
Singer, P. (1984): Praktische Ethik. Reclam, Stuttgart.
Singer, P. (1996): Die Befreiung der Tiere. Rowohlt, Reinbek.

Singer, P. (2005): Je mehr wir für andere leben, desto zufriedener leben wir. *Universitas* 60, S. 1215–1219.
Sitter-Liver, B. (1994): Tier-Rechte und ihre Grenzen. *Universitas* 49, S. 119–132.
Sommer, V. (2000): Von Menschen und anderen Tieren. Essays zur Evolutionsbiologie. Hirzel, Stuttgart-Leipzig.
Spencer, H. (1886): Die Principien der Psychologie. Band 2. Schweizerbart, Stuttgart.
Sperry, R. (1985): Naturwissenschaft und Wertentscheidung. Piper, München.
Spittler, J. F. (1995): Der Hirntod ist der Tod des Menschen. *Universitas* 50, S. 313 -327.
Stieve, H. (2002): Artgerechtes Tierleben, Artenleben und Artensterben. *Naturwissenschaftliche Rundschau* 55, S. 521–535.
Swinburne, R. G. (1976): The Objectivity of Morality. *Philosophy* 51, S. 5–20.
Troidl, H. (2003): Täuschen und Tarnen. Zur Wahrhaftigkeit in Wissenschaft und Forschung. *Minimal Invasive Chirurgie*, Supplement 1, S. 3–33.
Troidl, H. (2005): Sicherheit, das Ur-Thema der Chirurgie. *Minimal Invasive Chirurgie* 14, S. 39–46.
Verbeek, B. (1992): Evolutionsfalle oder: Die ewige Hoffnung auf den ‹Neuen Menschen›. *Universitas* 47, S. 424–434.
Voland, E. (1999 a): On the Nature of Human Solidarity. In: Bayertz, K. (Hrsg.): Solidarity. Kluwer Academic Publishers, Dordrecht-Boston-London (S. 157- 172).
Voland, E. (1999 b): Welche Werte? – Ethik, Anthropologie und Naturschutz. In: Schriftenreihe für Ökologie und Ethologie (Verein für Ökologie und Umweltforschung), Band 26, Wien (S. 32–48).
Waal, F. de (2000): Der gute Affe. Der Ursprung von Recht und Unrecht bei Menschen und anderen Tieren. Deutscher Taschenbuch Verlag, München.
Wald, G. (1976): The Case Against Genetic Engineering. *The Sciences* 16 (5), S. 6–12.
Weish, P: (2005): Gentechnik in der Landwirtschaft. *bioskop* 8 (4), S. 7–11.

Weizsäcker, E. U. v. (1989): Erdpolitik. Ökologische Realpolitik an der Schwelle zum Jahrhundert der Umwelt. Wissenschaftliche Buchgesellschaft, Darmstadt.
Wilson, E. O. (1984): Biophilia. The Human Bond with Other Species. Harvard University Press, Cambridge/Mass. – London.
Wilson, E. O. (1994): Million-Year Histories. Species Diversity as an Ethical Goal. *Wilderness* 48, S. 12–17.
Wilson, E. O. (1996): Der Wert der Vielfalt. Der Bedrohung des Artenreichtums und das Überleben des Menschen. Piper, München-Zürich.
Wilson, E. O. (2002): Die Zukunft des Lebens. Siedler, Berlin.
Wimmer, M. und Ciompi, L. (Hrsg., 2005): Emotion – Kognition – Evolution. Biologische, psychologische, soziodynamische und philosophische Aspekte. Filander, Fürth.
Wintersberger, U. (1984): Auf der Suche nach der Ideologie der Tier-Experimente. *Schriftenreihe der Europäischen Union gegen den Missbrauch der Tiere* Heft 5.
Wobus, A. (2002): Stammzellen – Kontinuität und Plastizität im Organismus. *Nova Acta Leopoldina* NF 86, Nr. 324, S. 49–76.
Wolf, J.-C. (1993): Ist Ehrfurcht vor dem Leben ein brauchbares Moralprinzip? *Freiburger Zeitschrift für Philosophie und Theologie* 40, S. 359–383.
Wolf, J.-C. (1994): Grundpositionen der neuzeitlichen Ethik. In: Hastedt, H. und Martens, E. (Hrsg.): Ethik. Ein Grundkurs. Rowohlt, Reinbek (S. 82–113).
Wolf, J.-C. (1998): Willensmetaphysik und Tierethik. *Schopenhauer Jahrbuch* 79, S. 85–100.
Wolf, J.-C. (1999 a): Moralische Argumente für den Tierschutz. In: Engels, E.-M. (Hrsg.): Biologie und Ethik. Reclam, Stuttgart (S. 100–126).
Wolf, J.-C. (1999 b): Gerechtigkeit für Tiere. In: Janowski, B. und Riede, P. (Hrsg.): Die Zukunft der Tiere. Theologische, ethische und naturwissenschaftliche Perspektiven. Calwer, Stuttgart (S. 155–171).
Wolf, J.-C. (2004): Ethischer Egoismus. *Erwägen, Wissen, Ethik* 15, S. 513–519.

Wolf, J.-C. (2005): Tierethik. Neue Perspektiven für Menschen und Tiere. H. Fischer, Erlangen.

Wolf, U. (2001): Leben mit Tieren. Die Hauptformen und ihre ethischen Implikationen. In: ZDF-nachtstudio (Hrsg.): Mensch und Tier. Geschichte einer heiklen Beziehung. Suhrkamp, Frankfurt/M. (S. 40–59).

Wuketits, F. M. (1993 a): Verdammt zur Unmoral? Zur Naturgeschichte von Gut und Böse. Piper, München-Zürich.

Wuketits, F. M. (1993 b): Moral Systems as Evolutionary Systems. Taking Evolutionary Ethics Seriously. *Journal of Social and Evolutionary Systems* 16, S. 251–271.

Wuketits, F. M. (1995): Biosocial Determinants in Moral Behavior: An Evolutionary Approach. *Homo* 46, S. 113–124.

Wuketits, F. M. (1996): Die Zukunft der Tiere. *Universitas* 51, S. 365–374.

Wuketits, F. M. (1998): Eine kurze Kulturgeschichte der Biologie. Mythen, Darwinismus, Gentechnik. Wissenschaftliche Buchgesellschaft, Darmstadt.

Wuketits, F. M. (1999 a): Die Selbstzerstörung der Natur. Evolution und die Abgründe des Lebens. Patmos, Düsseldorf.

Wuketits, F. M. (1999 b): Warum uns das Böse fasziniert. Die Natur des Bösen und die Illusionen der Moral. Hirzel, Stuttgart-Leipzig.

Wuketits, F. M. (2002): Was ist Soziobiologie? C. H. Beck, München.

Wuketits, F. M. (2003 a): Ausgerottet – ausgestorben. Über den Untergang von Arten, Völkern und Sprachen. Hirzel, Stuttgart-Leipzig.

Wuketits, F. M. (2003 b): Naturschutz ist Menschenschutz. *bioskop* 6 (4), S. 24–25.

Wuketits, F. M. (2004): Wieviel Ethik verträgt die Medizin? *Minimal Invasive Chirurgie* 13, S. 5–6.

Wuketits, F. M. (2005): Darwin und der Darwinismus. C. H. Beck, München.

Young, J. Z. (1987): Philosophy and the Brain. Oxford University Press, Oxford-New York.

Zankl, H. (1998): Genetik. Von der Vererbungslehre zur Genmedizin. C. H. Beck, München.

REGISTER